# Manuel complet

## DU

# SYSTÈME MÉTRIQUE,

## APPLIQUÉ

## AUX NOUVELLES MESURES.

Ouvrage devenu indispensable par suite de la mise en vigueur des Lois du 13 germinal an III, et du 4 Juillet 1837, qui rendent l'usage de ces Mesures obligatoire par toute la France à partir du 1er janvier 1840, renfermant l'Exposé du Système métrique, le Texte des Lois organiques, des Notions étendues sur le Calcul des nombres décimaux, les nouvelles et les anciennes Mesures, avec la Formation de leurs multiples et sous-multiples, des Problèmes nombreux sur ces Mesures, et des Tables fort étendues pour aider à leur comparaison;

Par M. A. ERNAUX,

Maître de Pension, Membre de la Société des Sciences naturelles de Seine-et-Oise, etc. etc.;

Et M. J.-E. ERNAUX,

Instituteur primaire autorisé par le Conseil royal à tenir un Pensionnat, Membre du Comité supérieur d'Instruction primaire de Versailles, Membre actif de la Société d'émulation pour le perfectionnement de l'Instruction primaire en France, etc. etc.

PRIX : 1 FR. 50 C.

# Paris,

CHEZ PESRON, LIBRAIRE-COMMISSIONNAIRE,
RUE PAVÉE-S.-ANDRÉ-DES-ARTS, N° 13,

ET TOUS LES LIBRAIRES QUI TIENNENT LES CLASSIQUES.

# VERSAILLES,

KLEFER, LIBRAIRE-ÉDITEUR, | L. ÉGRON, LIBRAIRE,
Avenue de Picardie, n° 11; | Rue Royale, n° 29.

## DURÉE ET CONSTITUTION DE LA SOCIÉTÉ.

3. La Société sera constituée lorsque quatre-vingts actions auront été souscrites, et sa durée sera de quinze années, à partir du jour de la constitution ; un acte sera dressé, à la suite du présent, par le gérant ou son mandataire, constatant les souscriptions des dites actions.

4. Le siége de la Société sera à Paris, rue de la Chaussée-d'Antin, n° 11, maison du *Casino*. Toutefois le gérant pourra le transporter ailleurs dans Paris, après en avoir donné connaissance aux actionnaires et abonnés, par la voie des journaux.

5. La raison et la signature sociale seront Lebars et Compagnie. M. Lebars ne peut en faire usage que pour les affaires de la Société ; il lui est interdit, par le présent, toute souscription d'effet, billet de commerce : toutes ses opérations devront être faites au comptant.

6. La gérance, l'administration, et la direction étant confiées aux soins de M. Lebars, il devra fournir un cautionnement de huit mille francs, qui sera versé à la caisse, ou représenté par des actions, formant pareille somme, à lui appartenant, et qui resteront à la souche toute la durée de la

# MANUEL COMPLET

## DU

# SYSTÈME MÉTRIQUE

### APPLIQUÉ

## Aux nouvelles Mesures.

*Les formalités voulues par la loi ayant été remplies, tout exemplaire non revêtu de la signature de l'un des deux Auteurs et de celle de l'Imprimeur, sera réputé contrefait.*

**N. B.** Les Auteurs répondront à toutes lettres affranchies par lesquelles il leur serait demandé quelques éclaircissements sur certains passages de ce *Manuel*.

**VERSAILLES,**
Imprimerie de KLEFER, Avenue de Picardie, 11.

# Manuel complet

## DU

# SYSTÈME MÉTRIQUE,

### APPLIQUÉ

## AUX NOUVELLES MESURES.

Ouvrage devenu indispensable par suite de la mise en vigueur des Lois du 13 germinal an III, et du 4 juillet 1837, qui rendent l'usage de ces Mesures obligatoire par toute la France à partir du 1er janvier 1840, renfermant l'Exposé du Système métrique, le Texte des Lois organiques, des Notions étendues sur le Calcul des nombres décimaux, les nouvelles et les anciennes Mesures, avec la Formation de leurs multiples et sous-multiples, des Problèmes nombreux sur ces Mesures, et des Tables fort étendues pour aider à leur comparaison;

## Par M. A. ERNAUX,

*Maître de Pension, Membre de la Société des Sciences naturelles de Seine-et-Oise, etc. etc. ;*

## Et M. J.-E. ERNAUX,

Instituteur primaire autorisé par le Conseil royal à tenir un Pensionnat, Membre du Comité supérieur d'Instruction primaire de Versailles, Membre actif de la Société d'émulation pour le perfectionnement de l'Instruction primaire en France, etc. etc.

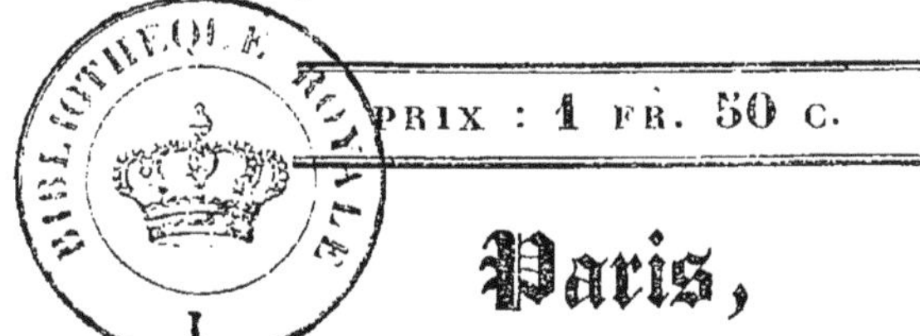

PRIX : 1 FR. 50 C.

## Paris,

### CHEZ PESRON, LIBRAIRE-COMMISSIONNAIRE,

RUE PAVÉE-S.-ANDRÉ-DES-ARTS, N° 13,

### ET TOUS LES LIBRAIRES QUI TIENNENT LES CLASSIQUES.

## VERSAILLES,

KLEFER, LIBRAIRE-ÉDITEUR, | L. ÉGRON, LIBRAIRE,
Avenue de Picardie, n° 11; | Rue Royale, n° 29.

## 1839.

# TABLE DES MATIÈRES.

## SECTION IV.



## SECTION V.



FIN DE LA TABLE.

# AVANT-PROPOS.

Publier un *Nouveau Manuel du Système métrique*, appliqué aux poids et mesures, lorsque déjà tant de traités ont été offerts au public sur cet objet, n'est-ce pas une tentative imprudente, au moins quant au succès?

En effet, que dire qui n'ait pas déjà été répété par nos devanciers?

Mais parmi cette foule de traités, d'opuscules publiés, le plus grand nombre est aujourd'hui tombé dans l'oubli.

Quant aux autres, ils ne renferment pas, selon nous, assez de développements pour que les opérations présentées puissent être facilement comprises par des personnes d'ailleurs peu exercées au calcul.

Aussi la seule pensée qui nous a guidés dans ce travail, a-t-elle été celle de nous rendre utiles aux personnes qui, par position, par état, doivent connaître plus parfaitement le nouveau système de mesures, mais plus particulièrement encore à celles qui sont chargées de l'*enseignement primaire*.

Renfermer dans de justes bornes les principes qu'il est nécessaire d'étudier, présenter assez d'opérations pour que dans aucun cas on ne puisse se trouver arrêté pour l'application de ces mêmes principes, tel est le but que nous nous sommes proposés.

Dans les tables de conversions, que nous avons cru nécessaire d'ajouter à la fin de ce *Manuel*, nous avons pensé qu'il était convenable d'adopter les subdivisions réelles, pour les anciennes mesures dont l'usage est le plus fréquent; mais nous y avons joint également les rapports décimaux.

Il n'est malheureusement que trop prouvé, que non-seulement dans les campagnes, mais même aussi dans les villes, beaucoup encore ne veulent pas comprendre ce que c'est qu'un dixième, un centième, un décimètre, un centimètre, et repoussent ces dénominations pour les anciennes, dont, par une sage tolérance, l'arrêté du 13 brumaire an IX (4 novembre 1800) avait autorisé l'usage.

Mais la loi du 4 juillet 1837, qui rend obligatoires à partir du 1ᵉʳ janvier 1840, les dénominations des poids et mesures établies par la loi du 13 germinal an III (3 avril 1794), est venue enfin mettre un terme à ce système mixte.

Tout homme de sens, tout homme ami de la science et du progrès, doit applaudir à cette sage décision.

Nous avons espéré aider à ce résultat désiré, en livrant à l'impression notre *Manuel*, qui n'est qu'un extrait d'un *Cours complet d'Arithmétique*, que nous nous proposons de publier incessamment, ainsi qu'un *Manuel complet d'Arpentage, de Toisé et de Jaugeage*.

Atteindrons-nous le but que nous nous sommes proposé? ce serait, nous l'avouons, la plus flatteuse et la plus agréable récompense des quelques soins que nous a coûtés ce Traité, et c'est aussi la seule à laquelle nous osons prétendre.

# Manuel complet

## DU

# SYSTÈME MÉTRIQUE

### APPLIQUÉ

## Aux nouvelles Mesures.

## SECTION PREMIÈRE.

*Origine du Système métrique. — Causes qui ont conduit à son adoption. — Lois organiques.*

**1.** La nécessité de l'uniformité dans les mesures se faisait sentir depuis longtemps. Elle était réclamée par la nation et reconnue indispensable par le gouvernement.

**2.** Nous voyons dans l'histoire que Philippe V, dit le Long, avait conçu le projet de rendre uniformes les poids et mesures par tout le royaume.

Aux états-généraux d'Orléans, en 1560, sous le règne de François II, il fut demandé au Roi qu'il n'y eût en France qu'un même poids et une même mesure.

On répondit :

« Que la charge de réduire les marchandises à même poids et à
» mêmes mesures, avait été commise à personnages d'expérience et
» probité, du travail et labeur desquels on espérait que les Français
» se ressentiraient en bref. »

Aux premiers états de Blois, en 1576, sous Henri III, on retrouve la même demande formulée par le tiers état.

Ainsi on lit, à l'article 413 du cahier des délibérations :

1

« Que par toute la France, il n'y ait qu'une aune, un poids, une
» mesure, un pied, une verge, une pinte, une jauge de tous vaisseaux
» de vin; pour toute denrée, une mesure; et, pour ce faire, établir
» certain échantillon d'une mesure et d'un poids, lequel sera distri-
» bué par chaque province. »

Ce même article se retrouve encore dans le cahier des seconds
états de Blois en 1588, motivé « sur l'assurance du trafic et du com-
» merce, et pour retrancher les abus qui se commettent à cause de
» la diversité des mesures. »

Six ordonnances furent en effet rendues depuis 1540 jusqu'à 1575;
mais elles furent sans effet.

C'est que la volonté n'était qu'une intention, si l'on peut s'exprimer ainsi.

Enfin, la même demande fut renouvelée de nos jours par les as-
semblées de bailliage en 1789.

3. L'on concevra facilement cette persistance, si l'on veut se rappeler que chaque gouvernement, chaque province, chaque ville
même avait des poids et mesures particuliers.

4. Les subdivisions de l'unité étaient incomplètes, confuses ou
bizarres.

5. Aussi les plus graves inconvénients résultaient-ils de cette
multiplicité de mesures; les comparaisons que l'on en voulait faire
entraînaient dans des calculs compliqués, à l'aide desquels on n'évi-
tait pas toujours les tromperies auxquelles on était sans cesse exposé.

6. De-là ces procès nombreux et interminables qui ruinaient les
familles.

7. C'est à l'assemblée constituante qu'était réservée la gloire de
faire disparaître ce chaos informe de mesures; c'est à cette même
assemblée que devait appartenir l'établissement de mesures uniformes propres à remplacer les anciennes pour tous les usages de la
vie. La science consentit enfin à s'unir aux grands intérêts du gouvernement, et se justifia ainsi des plaintes formées depuis longtemps
par des hommes amis, non des changements, mais des vrais progrès. Quelques savants réunirent leurs efforts et leurs lumières pour
trouver une base invariable au nouveau système que l'on voulait
établir; et pensant d'ailleurs que de cette invariabilité dépendait sans

doute son adoption par les nations étrangères, ils préférèrent retarder de quelque temps ce bienfait, si impatiemment attendu, de l'uniformité des mesures, afin de l'établir sur une base fixe, indépendante de l'opinion, et facile à retrouver, quels que soient les événements qui pourraient se succéder, soit dans l'ordre social, soit dans l'ordre physique.

8. Les premiers travaux furent entrepris le 31 mars 1791; mais ce ne fut que le 23 juin 1799 (4 messidor an **VII**) que les travaux préparatoires furent complètement terminés, et que l'on adopta le *mètre* et le *gramme* comme base fondamentale du nouveau système.

9. Mais pour arriver à la connaissance de ce résultat, il fallut faire des opérations nombreuses et délicates. L'académie des sciences en chargea quelques-uns de ses membres, MM. Méchin et Delambre, et ensuite MM. Biot et Arago.

10. Des recherches précédentes, faites en France, autorisaient à penser que la distance du pôle boréal à l'équateur (1) était à peu près de 5132430 toises, et la dix millionième partie de ce nombre répondant à 0 toise 3 pieds 0 pouce 11 lignes 44 centièmes, on résolut d'adopter cette mesure comme dimension d'un mètre provisoire.

11. La pensée qui présidait à cette adoption était grande, car elle voulait que le nouveau système prît sa base dans la nature. Mais il fallait en même temps s'assurer de l'exactitude rigoureuse

---

(1) L'axe de la terre est une ligne imaginaire qui est supposée passer par son centre et sur laquelle le globe tournerait une fois en vingt-quatre heures d'occident en orient.

Les pôles de la terre sont les deux extrémités de cet axe. L'un s'appelle le *pôle nord, boréal* ou *arctique*. L'autre le *pôle méridional* ou *antarctique*.

L'équateur terrestre est un grand cercle placé à égale distance des pôles terrestres, et qui coupe la terre en deux parties égales, savoir : en hémisphère septentrional et en hémisphère méridional.

Le méridien est un grand cercle qui passe par les pôles du monde, et coupe l'équateur en deux parties égales, et partage le globe en deux hémisphères égaux, l'un oriental, l'autre occidental.

de la longueur du quart du méridien terrestre, compris, comme nous venons de le dire, entre le pôle nord et l'équateur.

12. MM. Delambre et Méchin entreprirent de mesurer l'arc de ce méridien, qui passe de Dunkerque à Montjouy, et qui embrasse plus du dixième de l'arc entier qu'il s'agissait de connaître.

13. Plus tard, MM. Biot et Arago continuèrent la mesure de cet arc depuis Barcelone jusqu'à l'île de Formentera.

14. Il n'entre pas dans notre plan de suivre toutes les opérations qu'ont dû faire ces savants académiciens pour arriver à un résultat définitif. Nous nous contenterons de dire qu'il fallut lier par des triangles tous les points formant éminence, que renfermait cette vaste étendue.

Ils durent y joindre des observations astronomiques, pour s'assurer de la concordance de l'arc céleste avec l'arc terrestre mesuré.

Les obstacles rencontrés par ces savants furent nombreux, sans doute; néanmoins ils purent arriver à un degré d'exactitude inconnu jusqu'à nous.

15. La distance fut trouvée être, entre Dunkerque et Barcelone, de 551584 toises 72 centièmes; et prenant ce nombre pour point de départ, on parvint, par un calcul rigoureux, à déterminer le quart du méridien terrestre, en tenant compte de l'aplatissement de la terre vers le pôle, et l'on a trouvé enfin que ce quart du méridien était de 5130740 toises.

16. N'oublions pas de remarquer ici que la toise dont nous parlons est celle de l'académie (6 pieds) dite *toise du Pérou*, parce qu'elle fut employée à diverses opérations scientifiques dans cette partie de l'Amérique, de 1737 à 1741.

17. Maintenant, remarquons encore qu'en prenant la 10000000e partie du quart du méridien terrestre, on n'a point agi arbitrairement ou au hasard, mais que la science a été obligée, en cette circonstance, de se soumettre à l'impérieuse nécessité; car il fallait surtout que cette mesure fût facile à employer par tous.

En effet, si l'on eût pris pour diviseur 1000000 au lieu de 10000000, on eût eu pour résultat une mesure fort incommode, ayant de longueur 5 toises 130740 millionièmes de toise, ou près de 30 pieds.

Si, au contraire, on eût pris pour diviseur 100000000, le résultat o toise o5130740 cent millionièmes, ou environ 3 pouces et demi, eût été trop petit.

18. Nous avions donc raison de dire que la nécessité avait principalement présidé à ce choix; car, en prenant la 10000000° partie du quart du méridien, nous trouvons o toise 5130740 ou o toise 3 pieds o pouce 11 lignes 296 millièmes (o t. 3 p. o° 11 l. 296) ou enfin 443 l. 296 mill. de lignes pour longueur définitive du mètre.

19. Le tableau suivant expliquera, du reste, assez bien la marche que l'on a dû suivre en adoptant la division décimale.

DIVISION SUCCESSIVE par 10, 100, 1000, 10000, 100000, 1000000 et 10000000.

| DIVISION DÉCIMALE. | ANCIENNES MESURES. | Employant la forme décimale, et ne conservant que trois chiffres pour les fractions. |
|---|---|---|
| Le 1/4 du méridien étant de 5130740 toises. | t. pi. o. l. | t. pi. o. l. |
| 513074,0 | 513074—0—0—0 | 513074—0—0—0 |
| 51307,40 | 51307—2  4—9  $\frac{6}{10}$ | 51307—2—4—9,6 |
| 5130,740 | 5130—4—5—3  $\frac{36}{100}$ | 5130—4—5—3,36 |
| 513,0740 | 513—0—5—3  $\frac{936}{1000}$ | 513—0—5—3,936 |
| 51,30740 | 51—1-10—1  $\frac{5936}{10000}$ | 51—1-10—1,594 |
| 5,130740 | 5—0—9—4  $\frac{95936}{100000}$ | 5—0—9—4,959 |
| 0,5130740 | 0—3—0-11  $\frac{295936}{1000000}$ | 0—3—0-11,296 |

**20**. La valeur exacte du mètre, comme mesure linéaire ou de longueur, étant connue, les mesures de surface, de solidité et de contenance l'étaient naturellement.

**21**. Restait encore à déterminer *l'unité de poids*, qui devait également être métrique.

Le but de cette nouvelle recherche devait donc être l'indication de la quantité de matière fluide ou autre, employée préférablement, et qui pourrait former un volume déterminé à l'avance.

**22**. Trois conditions étaient à remplir pour répondre à la question ainsi posée :

1°. Indiquer le volume à prendre pour terme de comparaison ou unité ;

2°. Déterminer le poids exact de la matière employée ;

3°. Reconnaître, à l'aide d'expériences de l'exactitude la plus scrupuleuse, le corps le plus propre à cet usage.

**23**. Le choix du poids ne pouvait pas être plus douteux, quant au volume, que pour la mesure de longueur. Il fallait une unité qui ne fût ni trop forte ni trop faible.

**24**. Le savant M. Lefèvre-Gineau, que l'académie avait chargé de cette recherche, choisit le décimètre cube, ou, ce qui est la même chose, la millième partie du mètre cube.

**25**. Il adopta l'eau comme étant le fluide le plus facile à trouver, et conservant sa fluidité à une température que l'on peut partout facilement obtenir.

**26**. Par une suite d'expériences qu'il n'entre pas non plus dans notre plan d'indiquer, on parvint à trouver le poids réel d'un décimètre cube d'eau pure, c'est-à-dire distillée. Son maximum de densité fut trouvé être non à o de la glace fondante, mais à 4 degrés du thermomètre centigrade.

Ce thermomètre est celui qui est divisé en 100 parties ou degrés, depuis l'eau bouillante jusqu'à la glace fondante.

Ce dernier terme est marqué par o, et les degrés au-dessous sont distingués de ceux au-dessus par le signe —.

**27**. Le poids de ce décimètre cube d'eau distillée, pris à son maximum de densité et pesé dans le vide, est de 18827 grains 15 centièmes, poids de marc.

Cette quantité ou pesanteur fut appelée *kilogramme;* mais on était résolu à l'avance de la subdiviser en mille parties égales, qui furent appelées *grammes*, et dont chacune est égale au poids d'un centimètre cube d'eau ramenée à son maximum de densité.

Le *gramme* fut alors pris pour unité de poids.

Cependant le kilogramme est parfois employé aussi comme unité, surtout lorsqu'il s'agit de charges considérables.

28. Des étalons-prototypes de ces diverses mesures furent déposés aux archives nationales; celui en platine entr'autres, qui, pesé dans le vide, donne le poids légal du kilogramme, y a été placé le 4 messidor an VII (22 juin 1798). Ces mêmes étalons existent également dans les chefs-lieux d'arrondissements et de départements.

29. L'unité des poids et mesures se trouve donc ainsi établie sur des bases qui ne peuvent être soumises à aucune variation.

30. L'ensemble des opérations qui avaient été faites pour arriver à ce résultat ayant été soumis au gouvernement, fut adopté, et des lois promulguées pour rendre l'usage de ces mesures obligatoire pour toute la France.

Nous allons donner des extraits de ces lois.

31. *Extrait de la loi du 18 germinal an III, relative aux poids et mesures.*

### ARTICLE II.

Il n'y aura qu'un seul étalon des poids et mesures pour toute la république; ce sera une règle de platine sur laquelle sera tracé le mètre qui a été adopté pour l'unité fondamentale de tout le système des mesures.

### V.

Leur nomenclature est définitivement adoptée comme il suit :
On appellera

*Mètre*, la mesure de longueur égale à la dix-millionième partie de l'arc du méridien terrestre compris entre le pôle boréal et l'équateur;

*Are*, la mesure de superficie pour les terrains, égale à un carré de dix mètres de côté;

*Stère*, la mesure destinée particulièrement aux bois de chauffage, et qui sera égale au mètre cube;

*Litre*, la mesure de capacité, tant pour les liquides que pour les matières sèches, dont la contenance sera celle du cube de la dixième partie du mètre;

*Gramme*, le poids absolu d'un volume d'eau pure, égal au cube de la centième partie du mètre, et à la température de la glace fondante.

Enfin, l'unité des monnaies prendra le nom de *franc*, pour remplacer celui de *livre*, usité jusqu'aujourd'hui.

## VI.

La *dixième* partie du mètre se nommera *décimètre*, et sa centième partie, *centimètre*.

On appellera *décamètre* une mesure égale à dix mètres, ce qui fournit une mesure très-commode pour l'arpentage.

*Hectomètre* signifiera la longueur de cent mètres.

Enfin, *kilomètre* et *myriamètre* seront des longueurs de mille et de dix mille mètres, et désigneront principalement les distances itinéraires.

## VII.

Les dénominations des mesures des autres genres seront déterminées d'après les mêmes principes que celles de l'article précédent.

Ainsi, *décilitre* sera une mesure de capacité dix fois plus petite que le litre; *centigramme*, sera la centième partie d'un *gramme*.

On dira de même *décalitre* pour désigner une mesure contenant dix litres; *hectolitre* pour une mesure égale à *cent litres;* un *kilogramme* sera un poids de mille grammes.

On composera d'une manière analogue les noms de toutes les autres mesures.

Cependant, lorsqu'on voudra exprimer les dixièmes ou les centièmes du franc, unité des monnaies, on se servira des mots *décime* et *centime*, déjà reçus en vertu de décrets antérieurs.

## VIII.

Dans les poids et mesures de capacité, chacune des mesures décimales de ces deux genres aura son double et sa moitié, afin de donner à la vente des divers objets toute la commodité que l'on peut désirer : il y aura donc le *double litre* et le *demi-litre*, le *double hectogramme* et le *demi-hectogramme*, et ainsi des autres.

### XVIII.

Le choix des mesures appropriées à chaque espèce de marchandises aura lieu de manière que, dans les cas ordinaires, on n'ait pas besoin de fractions plus petites que les centièmes.

---

**32.** *Loi du 4 juillet 1837.*

Louis-Philippe, roi des Français, à tous présents et à venir salut. Nous avons proposé, les chambres ont adopté, nous avons ordonné et ordonnons ce qui suit :

ARTICLE PREMIER.

Le décret du 12 février 1812, concernant les poids et mesures, est et demeure abrogé.

### II.

Néanmoins, l'usage des instruments de pesage et de mesurage confectionnés en exécution des articles 2 et 3 du décret précité, sera permis jusqu'au 1er janvier 1840.

### III.

A partir du 1er janvier 1840, tous poids et mesures autres que les poids et mesures établis par les lois du 18 germinal an III et 19 frimaire an VIII, constitutives du système métrique décimal, seront interdits sous les peines portées par l'article 479 du Code pénal (1).

### IV.

Ceux qui auront des poids et mesures autres que les poids et mesures ci-dessus reconnus, dans leurs magasins, boutiques, ateliers

---

(1) Cet article porte : § 6. Seront punis d'une amende de 11 à 15 francs, ceux qui emploieront des poids ou mesures différents de ceux qui sont établis par les lois en vigueur.

L'article 480 porte que l'on pourra, dans le même cas et selon les circonstances, prononcer la peine d'emprisonnement pendant cinq jours au plus.

ou maisons de commerce, ou dans les halles, foires ou marchés, seront punis comme ceux qui les emploieront, conformément à l'article 479 du Code pénal.

## V.

A compter de la même époque, toutes dénominations de poids et mesures autres que celles portées dans le tableau annexé à la présente loi, et établies par la loi du 18 germinal an III, sont interdites dans les actes publics, ainsi que dans les affiches et les annonces.

Elles sont également interdites dans les actes sous seing-privé, les registres de commerce et autres écritures privées produites en justice.

Les officiers publics contrevenants seront passibles d'une amende de vingt francs, qui sera recouvrée sur contrainte comme en matière d'enregistrement.

L'amende sera de dix francs pour les autres contrevenants ; elle sera perçue pour chaque acte ou écriture sous signature privée. Quant aux registres de commerce, ils ne donneront lieu qu'à une seule amende pour chaque contestation dans laquelle ils seront produits.

## VI.

Il est défendu aux juges et arbitres de rendre aucun jugement ou décision en faveur des particuliers sur des actes, registres ou écrits dans lesquels les dénominations interdites par l'article précédent auraient été insérées, avant que les amendes encourues aux termes dudit article aient été payées.

## VII.

Les vérificateurs des poids et mesures constateront les contraventions prévues par les lois et règlements concernant le système métrique des poids et mesures. Ils pourront procéder à la saisie des instruments de pesage et mesurage dont l'usage est interdit par lesdites lois et règlements.

Leurs procès-verbaux feront foi en justice jusqu'à preuve contraire.

Les vérificateurs prêteront serment devant le tribunal d'arrondissement.

## VIII.

`Une ordonnance royale règlera la manière dont s'effectuera la vérification des poids et mesures.

La présente loi, discutée, délibérée et adoptée par la chambre des pairs et par celle des députés, et sanctionnée par nous cejour-d'hui, sera exécutée comme loi de l'État.

Donnons en mandement à nos cours et tribunaux, préfets, corps administratifs et tous autres, que les présentes ils gardent et maintiennent, fassent garder, observer et maintenir, et, pour les rendre plus notoires à tous, ils fassent publier et enregistrer partout où besoin sera; et afin que ce soit chose ferme et stable à toujours, nous y avons fait mettre notre sceau.

*Fait au palais des Tuileries, le 4ᵉ jour du mois de juillet, l'an mil huit cent trente-sept.*

Signé LOUIS-PHILIPPE.

Le ministre secrétaire d'état au département des travaux publics, de l'agriculture et du commerce,

*Signé* MARTIN (du Nord).

---

33.

# TABLEAU
## DES MESURES LÉGALES,

DRESSÉ

*Conformément aux dispositions de la loi du 18 germinal an III (3 avril 1794), et pour l'exécution de la loi du 4 juillet 1837.*

### MESURES DE LONGUEUR.

| | |
|---|---|
| Myriamètre. . . . . . . . . . . . | Dix mille mètres. |
| Kilomètre . . . . . . . . . . . . | Mille mètres. |
| Hectomètre . . . . . . . . . . | Cent mètres. |
| Décamètre . . . . . . . . . . . | Dix mètres. |
| Mètre. . . . . . . . . . . . . . | Unité fondamentale des poids et mesures (dix millionième partie du quart du méridien terrestre). |

Décimètre . . . . . . . . . . . .   Dixième du mètre.
Centimètre. . . . . . . . . . . .   Centième du mètre.
Millimètre . . . . . . . . . . . .   Millième du mètre.

### MESURES AGRAIRES.

Hectare . . . . . . . . . . . .   Cent ares ou dix mille mètres
                             carrés.
Are . . . . . . . . . . . . . .   Cent mètres carrés, carré de dix
                             mètres de côté.
Centiare.                        Centième de l'are ou mètre carré.

### MESURES DE CAPACITÉ POUR LES LIQUIDES ET LES MATIÈRES SÈCHES.

Kilolitre . . . . . . . . . . . .   Mille litres.
Hectolitre . . . . . . . . . . .   Cent litres.
Décalitre. . . . . . . . . . . .   Dix litres.
Litre. . . . . . . . . . . . .   Décimètre cube.
Décilitre. . . . . . . . . . . .   Dixième du litre.

### MESURES DE SOLIDITÉ.

Décastère . . . . . . . . . . .   Dix stères.
Stère . . . . . . . . . . . . .   Mètre cube.
Décistère . . . . . . . . . . .   Dixième du stère.

### POIDS.

. . . . .   Mille kilogrammes, poids du
                             mètre cube d'eau et du tonneau
                             de mer.
. . . . .   Cent kilogrammes, quintal mé-
                             trique.
Kilogramme. . . . . . . . . . .   Mille grammes. Poids, dans le vide,
                             d'un décimètre cube d'eau dis-
                             tillée à la température de qua-
                             tre degrés centigrades.
Hectogramme. . . . . . . . .   Cent grammes.
Décagramme . . . . . . . . .   Dix grammes.
Gramme. . . . . . . . . . . .   Poids d'un centimètre cube d'eau
                             à quatre degrés centigrades.

Décigramme................ Dixième du gramme.
Centigramme .............. Centième du gramme.
Milligramme............... Millième du gramme.

MONNAIE.

Franc .................... Cinq grammes d'argent au titre
                           de neuf dixièmes de fin.
Décime ................... Dixième du franc.
Centime. ................. Centième du franc.

---

Conformément à la disposition de la loi du 18 germinal an III, concernant les poids et mesures de capacité, chacune des mesures décimales de ces deux genres a son double et sa moitié.

---

34. Pour l'intelligence du tableau qui précède, nous croyons devoir donner l'explication de quelques expressions nouvelles dont l'usage peut n'être pas familier.

35. *Mesurer*, c'est comparer une quantité plus ou moins grande avec une autre quantité convenue à l'avance et prise comme unité.

36. Le mètre de longueur ou linéaire est une distance qui n'a qu'une dimension ; on n'en considère que la longueur, et il n'a que peu ou point de largeur.

37. Le mètre carré est une surface qui a un mètre de long sur un mètre de large. Le mètre carré ou superficiel a donc deux dimensions : longueur et largeur.

38. Le mètre cube est un volume qui a six faces d'un mètre carré chacune. Il a trois dimensions : longueur, hauteur et épaisseur.

Ainsi, un mètre cube est un volume qui, sous la forme d'un dé à jouer, aurait un mètre de long, sur un mètre de haut et un mètre d'épaisseur.

Ces données suffiront pour le moment : nous remettons à la III<sup>e</sup> section à les compléter.

39. Mais avant d'appliquer au calcul le système dont nous venons d'exposer les bases, nous croyons nécessaire de présenter un aperçu du système décimal sur lequel est établi à son tour le système métrique.

# SECTION II.

## SYSTÈME DÉCIMAL.

40. On sait que l'arithmétique est la science des nombres.

41. Le nombre est l'assemblage de plusieurs unités de même espèce.

42. L'unité est tout ce qui sert de terme de comparaison dans l'évaluation des grandeurs.

43. L'application du système décimal aux nouvelles mesures n'est qu'une extension de ce système, déjà connu depuis longtemps.

Il offre l'avantage de faire disparaître toutes ces longues et ennuyeuses opérations des nombres complexes et des fractions ordinaires.

44. Il y a en arithmétique deux systèmes de numération :

45. Le système décuple, dans lequel les chiffres, à mesure qu'ils avancent d'un rang vers la ganche, représentent des unités dix fois plus grandes que celles exprimées par leur voisin de droite;

46. Le système décimal, dans lequel, au contraire, les chiffres, à mesure qu'ils avancent d'un rang vers la droite, représentent des unités dix fois plus petites que celles exprimées par leur voisin de gauche.

47. Dans l'exemple suivant, nous donnons l'application de ces deux marches inverses, ainsi que le nom de chaque espèce d'unité décuple ou décimale représentée par chaque chiffre.

8 7 5 6 7 8 7 6 1 4, 7 5 8 9 5 3 8

|  |  |
|---|---|
| 8 | Billions. |
| 7 | Centaines de millions. |
| 5 | Dixaines de millions. |
| 6 | Millions. |
| 7 | Centaines de mille. |
| 8 | Dixaines de mille. |
| 7 | Mille. |
| 6 | Centaines. |
| 1 | Dixaines. |
| 4 | Unités. |
| 7 | Dixièmes. |
| 5 | Centièmes. |
| 8 | Millièmes. |
| 9 | Dix millièmes. |
| 5 | Cent millièmes. |
| 3 | Millionièmes. |
| 8 | Dix millionièmes. |

En commençant par les chiffres appartenant au système décuple, nous voyons que

Le chiffre 4, considéré comme point de départ pour notre raisonnement, exprime des unités simples ;

Le chiffre 1, placé à sa gauche, exprime des dixaines, c'est-à-dire des unités dix fois plus grandes que celles exprimées par le chiffre 4 ;

Le chiffre 6, placé à la gauche des dixaines, exprime des centaines, c'est-à-dire des unités dix fois plus grandes que celles exprimées par le chiffre 1 ;

Le chiffre 7, placé à la gauche des centaines, exprime des mille, c'est-à-dire des unités dix fois plus grandes que celles exprimées par le chiffre 6 ;

Le chiffre 8, placé à la gauche des mille, exprime des dixaines de mille, c'est-à-dire des unités dix fois plus grandes que celles exprimées par le chiffre 7.

Et en continuant ainsi, nous trouvons

Les centaines de mille dix fois plus grandes que les dixaines de mille ;

Les millions dix fois plus grands que les centaines de mille ;

Les dixaines de millions dix fois plus grandes que les millions ;

Les centaines de millions dix fois plus grandes que les dixaines de millions ;

Les billions ou milliards, dix fois plus grands que les centaines de millions.

Donc, comme nous l'avons dit plus haut, les chiffres appartenant au système décuple expriment tous des unités de dix en dix fois plus grandes en allant de droite à gauche, c'est-à-dire en allant des plus faibles unités aux plus fortes.

48. Donc, de deux rangs en deux rangs, ils exprimeront des unités cent fois plus grandes ;

49. De trois rangs en trois rangs, ils exprimeront des unités mille fois plus grandes ;

50. De quatre rangs en quatre rangs, ils exprimeront des unités dix mille fois plus grandes.

51. Appliquons maintenant le même raisonnement au système décimal.

En nous rappelant que le chiffre 4, qui représente des unités, est pris comme point de départ,

Nous voyons que

Le chiffre 7, placé à la droite des unités, exprime des dixièmes d'unité ou simplement des dixièmes, c'est-à-dire des unités dix fois plus petites que celles représentées par le chiffre 4;

Le chiffre 5, placé à la droite des dixièmes, exprime des centièmes d'unité ou simplement des centièmes, c'est-à-dire des unités dix fois plus petites que celles représentées par le chiffre 7;

Le chiffre 8, placé à la droite des centièmes, exprime des millièmes, c'est-à-dire des unités dix fois plus petites que celles exprimées par le chiffre 5;

Le chiffre 9, placé à la droite des millièmes, exprime des dix millièmes, c'est-à-dire des unités dix fois plus petites que celles exprimées par le chiffre 8.

Et en continuant ainsi, nous trouvons

Les cent millièmes dix fois plus petits que les dix millièmes;

Les millionièmes dix fois plus petits que les cent millièmes;

Les dix millionièmes dix fois plus petits que les millionièmes;

Et ainsi de suite.

Donc encore, comme nous l'avons dit plus haut, les chiffres appartenant au système décimal, expriment tous des unités de dix en dix fois plus petites, en allant de gauche à droite, c'est-à-dire des plus fortes pour aller aux plus faibles.

52. Et récapitulant tout ce qui vient d'être dit, nous trouvons

Que les dixaines sont placées au premier rang à gauche du chiffre représentant les unités, et les dixièmes au premier rang à droite du même chiffre;

Les centaines sont placées au deuxième rang à gauche des unités, et les centièmes, au deuxième rang à droite;

Les mille, au troisième rang à gauche des unités, et les millièmes, au troisième rang à droite;

Les dix mille, au quatrième rang à gauche des unités, et les dix millièmes, au quatrième rang à droite;

Les cent mille, au cinquième rang à gauche des unités, et les cent millièmes, au cinquième rang à droite;

Les millions, au sixième rang à gauche des unités, et les millionièmes, au sixième rang à droite.

53. Donc les chiffres décimaux expriment, de deux rangs en deux
rangs, des unités cent fois plus petites.

54. De trois rangs en trois rangs, ils expriment des quantités
mille fois plus petites.

55. De quatre rangs en quatre rangs, ils expriment des quantités
dix mille fois plus petites, etc.

56. Pour connaître, le plus brièvement possible, à quelle espèce
d'unité appartient le dernier chiffre d'un nombre décimal, il faut
partager les chiffres décimaux, y compris le chiffre des unités, en
tranches de trois chiffres chacune, en allant de gauche à droite, sauf
à ne laisser que deux et même qu'un seul chiffre à la dernière tranche à droite.

Soit proposé le nombre 324,6567089, qui, partagé comme il est
dit ci-dessus, donne

$$32\cdot4,65\cdot670\cdot89.$$

Je lis, comme dans les nombres entiers, unités, mille, millions, etc.;
mais en allant de gauche à droite et écartant les unités, je vois que
la première tranche renferme des dixièmes et centièmes d'unités;
la deuxième tranche renferme des unités, dixièmes et centièmes de
millièmes; la troisième tranche renferme des unités et dixièmes de
millionièmes.

Donc le chiffre 9, dans le nombre ci-dessus, exprime des dix
millionièmes.

Donc ce nombre est égal à

Trois cent vingt-quatre unités 6 millions 567 mille 089 dix millionièmes.

57. La virgule placée, comme on le voit, entre les chiffres exprimant des unités entières et ceux exprimant des unités décimales,
sert, en les séparant, à faire distinguer ces deux espèces d'unités.

58. Les chiffres qui se trouvent à gauche de la virgule sont des
unités entières, et appartiennent au système décuple.

Ceux placés à la droite de la virgule appartiennent au système
décimal, et se nomment *chiffres décimaux*, ou simplement *décimales*.



2

**59.** Les chiffres décimaux expriment donc des quantités plus petites que l'unité.

**60.** Il arrive parfois que l'on a plus de chiffres décimaux que l'on n'en voudrait conserver. On peut alors en supprimer, en se rappelant qu'il faut forcer d'une unité le dernier des chiffres conservés, si le premier chiffre à droite supprimé est 5 ou au-dessus de 5. Au-dessous de 5, c'est-à-dire si le premier des chiffres supprimés est 4, 3, 2, 1, on n'en tient aucun compte.

*Exemples :*

$$45,2965 - 29,6152 - 39,6115.$$

En ne conservant que deux chiffres décimaux, on trouve

$$45,30 - 29,62 - 39,61.$$

Dans le premier nombre 45,2965, le premier chiffre supprimé étant 6, en forçant d'1 sur le 9, on obtient 45,30.

Dans le deuxième nombre 29,6152, le premier chiffre supprimé étant 5, en forçant d'1 sur le 1, on obtient 29,62.

Dans le troisième nombre 39,6115, le premier chiffre supprimé étant 1, c'est-à-dire une quantité au-dessous de 5, il faut négliger cette valeur.

**61.** Pour multiplier un nombre entier par 10, 100, 1000, etc., il suffit d'ajouter à la droite de ce nombre autant de zéros qu'il s'en trouve sur la droite de l'unité.

Soit 4 le nombre proposé :

Ajoutant un 0, c'est-à-dire multipliant 4 par 10, on obtient 40, dix fois plus grand que 4.

Ajoutant deux 0, c'est-à-dire multipliant 4 par 100, on obtient 400, cent fois plus grand que 4.

Ajoutant trois 0, c'est-à-dire multipliant 4 par 1000, on obtient 4000, mille fois plus grand que 4.

Ajoutant quatre 0, c'est-à-dire multipliant 4 par 10000, etc.

**62.** Pour diviser un nombre entier terminé par des zéros, par 10, 100, 1000, etc., il suffit de supprimer sur la droite de ce nombre autant de zéros qu'il y en a sur la droite de l'unité.

Soit 4000 le nombre proposé :

Supprimant un zéro, c'est-à-dire divisant 4000 par 10, on obtient 400, dix fois plus petit que 4000.

Supprimant deux zéros, c'est-à-dire divisant 4000 par 100, on obtient 40, cent fois plus petit que 4000.

Supprimant trois zéros, c'est-à-dire divisant 4000 par 1000, on obtient 4, mille fois plus petit que 4000, etc.

**63.** Mais dans les nombres décimaux, on peut ajouter ou retrancher autant de zéros que l'on veut, sans altérer leur valeur.

Ainsi, les quantités suivantes sont égales :

$$8\,\tfrac{1}{2} = 8\,\tfrac{5}{10} = 8{,}5.$$
$$8\,\tfrac{1}{2} = 8\,\tfrac{50}{100} = 8{,}50.$$
$$8\,\tfrac{1}{2} = 8\,\tfrac{500}{1000} = 8{,}500.$$
$$8\,\tfrac{1}{2} = 8\,\tfrac{5000}{10000} = 8{,}5000.$$

Car nous savons que les zéros n'ont aucune valeur par eux-mêmes, et le chiffre 5 n'a pas cessé d'exprimer des dixièmes.

Il en serait de même pour tout autre exemple.

**64.** Pour multiplier un nombre décimal par 10, 100, 1000, etc., il suffit d'avancer la virgule d'autant de rangs vers la droite qu'il y a de zéros à la droite de l'unité.

Soit donc le nombre 6787,4586 à multiplier par 10; en appliquant la règle que nous venons de donner, on trouve :

$$67874{,}586.$$

Nous disons que ce nombre est 10 fois plus grand que le premier; car

Le chiffre 4, qui représentait primitivement des dixièmes, représente maintenant des unités, c'est-à-dire des unités 10 fois plus grandes.

Le chiffre 5, qui représentait des centièmes, représente maintenant des dixièmes, c'est-à-dire des unités 10 fois plus grandes.

Le chiffre 8, qui représentait des millièmes, représente maintenant des centièmes.

Le chiffre 6, qui représentait des dix millièmes, représente maintenant des millièmes.

Le chiffre 7, qui représentait des unités simples, représente maintenant des dixaines, c'est-à-dire des unités 10 fois plus grandes.

Le chiffre 8, qui représentait des dixaines, représente maintenant des centaines.

Le chiffre 7, qui représentait des centaines, représente maintenant des unités de mille.

Enfin, le chiffre 6, qui exprimait des unités de mille, exprime maintenant des dixaines de mille.

Or, chaque chiffre, par suite du déplacement de la virgule, représente maintenant des unités 10 fois plus grandes, donc le nombre lui-même est devenu 10 fois plus grand.

**65.** Donc, en avançant la virgule d'un rang vers la droite, on multiplie un nombre décimal par 10.

**66.** En avançant la virgule de deux rangs, on multiplie par 100.

**67.** En avançant la virgule de trois rangs, on multiplie par 1000, etc., c'est-à-dire, comme on l'a vu plus haut, qu'on multiplie par autant de fois 10 que l'on a avancé de rangs vers la droite.

**68.** Pour diviser un nombre décimal par 10, 100, 1000, etc., il suffit de reculer la virgule d'autant de rangs vers la gauche, qu'il y a de zéros à la droite de l'unité.

Soit proposé encore le nombre 6787,4586 :

En appliquant la règle ci-dessus, on trouve, en le divisant par dix,

$$678,74586.$$

Ce nombre est dix fois plus petit que le premier; car

Le chiffre 7, qui représentait primitivement des unités, représente maintenant des dixièmes, c'est-à-dire des unités 10 fois plus petites.

Le chiffre 4, qui représentait des dixièmes, représente maintenant des centièmes.

Le chiffre 5, qui représentait des centièmes, représente maintenant des millièmes.

Le chiffre 8, qui représentait des millièmes, représente maintenant des dix millièmes.

Le chiffre 6, qui représentait des dix millièmes, représente maintenant des cent millièmes.

Le chiffre 8, qui représentait des dixaines d'unités, représente maintenant des unités simples, c'est-à-dire des unités 10 fois plus petites.

Le chiffre 7, qui représentait des unités de mille, représente maintenant des centaines.

Enfin, le chiffre 6, qui représentait des dixaines de mille, représente maintenant des unités de mille.

Or, chaque chiffre, par suite du déplacement de la virgule, représente maintenant des unités 10 fois plus petites, donc le nombre lui-même est devenu 10 fois plus petit.

**69.** Donc, en reculant la virgule d'un nombre décimal d'un rang vers la gauche, on le divise par 10.

**70.** En reculant la virgule de deux rangs, on divise par 100.

**71.** En reculant la virgule de trois rangs, on divise par 1000, etc., c'est-à-dire, comme on l'a vu plus haut, que l'on divise par autant de fois 10 que l'on a reculé de rangs vers la gauche.

**72.** Par suite du déplacement de la virgule, il peut arriver que l'on n'ait pas assez de chiffres significatifs; on les remplace alors par des zéros placés, soit à droite, soit à gauche du nombre sur lequel on opère.

Soit pour nombre proposé,

$$45,89:$$

on trouve :

| | |
|---|---|
| divisant par 10 — 4,589 | multipliant par 10 — 458,90 |
| par 100 — 0,4589 | 100 — 4589,00 |
| par 1000 — 0,04589 | 1000 — 45890,00 |
| par 10000 — 0,004589 | 10000 — 458900,00. |

Ces exemples peuvent être continués à l'infini.

Nous allons maintenant passer aux quatre opérations fondamentales des nombres décimaux, qui sont, comme dans les nombres entiers, l'addition, la soustraction, la multiplication et la division.

# DE L'ADDITION.

**73.** L'addition des nombres décimaux se fait comme celle des nombres entiers, c'est-à-dire qu'il faut placer, à la gauche de la virgule, les unités sous les unités, les dixaines sous les dixaines, les centaines sous les centaines, etc., et à sa droite, les dixièmes sous les dixièmes, les centièmes sous les centièmes, les millièmes sous les millièmes. Les virgules formeront entr'elles une colonne, et l'on évitera par-là de graves erreurs.

Soient donnés à additionner les nombres 318,015 — 201,304 — 26,003 — 1,09 — 217,00. — 21,542 et 3,4.

En les écrivant les uns au-dessous des autres, comme il vient d'être dit :

$$318,015$$
$$201,304$$
$$26,003$$
$$1,09$$
$$217,00$$
$$21,542$$
$$3,4$$

on obtient pour total          788,354

Voici comment on procède à cette opération :

Nous commençons par la première colonne à droite, celle des millièmes, et nous disons :

5 et 4 font 9 — et 3 font 12 — et 2 font 14.

On pose les 4 millièmes et l'on retient la dixaine de millième ou 1 centième pour le comprendre dans la colonne des centièmes.

1 et 1 font 2 — et 9 font 11 — et 4 font 15.

On pose les 5 centièmes et l'on retient la dixaine de centièmes ou 1 dixième pour le comprendre dans la colonne des dixièmes.

1 et 3 font 4 — et 5 font 9 — et 4 font 13.

On pose les 3 dixièmes et l'on retient la dixaine de dixièmes ou 1 unité pour la comprendre dans la colonne des unités.

1 et 8 font 9 — et 1 font 10 — et 6 font 16 — et 1 font 17 — et 7 font 24 — et 1 font 25 — et 3 font 28.

On pose les 8 unités et l'on retient les dixaines d'unités pour les comprendre dans la colonne des dixaines.

2 et 1 font 3 — et 2 font 5 — et 1 font 6 — et 2 font 8.

On pose les 8 dixaines, et comme il n'y a pas de dixaines de dixaines ou de centaines, il n'y a pas non plus de retenue.

3 et 2 font 5 et 2 font 7.

La somme de la dernière colonne se pose toujours telle qu'elle se trouve et sans aucune retenue.

La science de cette première opération consiste donc seulement dans l'addition des chiffres composant chaque colonne, et dans le report, à la première colonne à gauche, des dixaines provenant de la précédente colonne à droite.

### *Preuve de l'Addition.*

74. Plusieurs moyens sont indiqués en arithmétique pour s'assurer de l'exactitude du résultat obtenu par l'addition; nous présenterons le plus simple.

Reprenons l'exemple précédent :

$$318,015$$

$$
\begin{array}{r}
201,304 \\
26,003 \\
1,09 \\
217,00 \\
21,542 \\
3,4 \\
\hline
788,354
\end{array}
$$

Après avoir séparé le nombre supérieur 318,015, on fait l'addition des nombres inférieurs, et l'on trouve     470,339

Ajoutant à cette seconde somme le nombre supérieur non compris     318,015

on doit retrouver pour somme égale     788,354

# DE LA SOUSTRACTION.

**75.** La soustraction des nombres décimaux se fait, comme celle des nombres entiers, en ayant soin de placer la virgule sous la virgule, et par-là les unités seront aussi sous les unités, les dixaines sous les dixaines, etc., les dixièmes sous les dixièmes, les centièmes sous les centièmes, etc.; et si l'un des deux nombres renferme moins de chiffres décimaux, on le complète par des zéros écrits sur la droite jusqu'à concurrence du même nombre de chiffres décimaux dans les deux nombres.

Soit 29,4557 à retrancher de 52,08 :

On écrit d'abord le nombre duquel on doit retrancher 52,08 et au-dessous le nombre à soustraire 29,4557

et complétant le nombre supérieur par des zéros, on a 52,0800 dont il faut retrancher 29,4557

On obtient pour reste 22,6243

Voici la marche à suivre pour faire cette opération :

Nous commençons par la première colonne à droite, celle des dix millièmes.

Ôtez 7 de 0 — ne se peut. Empruntant 1 sur le premier chiffre significatif à gauche, qui est 8, et nous rappelant que les zéros intermédiaires vaudront 9, nous disons : 1 d'emprunté vaut 10.

Ôtez 7 de 10, reste 3.

Ôtez 5 de 9, reste 4.

Ôtez 5 de 7 (car ayant emprunté 1 sur 8, il ne vaut plus que 7), reste 2.

Ôtez 4 de 0 — ne se peut. Empruntant sur le chiffre 2 — 1 qui vaut 10, on dit : ôtez 4 de 10, reste 6.

Otez 9 de 1 (car ayant emprunté 1 sur 2, il ne vaut plus que 1), cela ne se peut. — Empruntant sur le chiffre 5 une unité qui vaut 10, et 1 font 11; ôtez 9 de 11, reste 2.

Otez 2 de 4 (car ayant emprunté 1 sur 5, il ne vaut plus que 4), reste 2.

Ainsi, deux choses sont à considérer principalement dans la soustraction après la disposition des nombres:

Compléter par des zéros le nombre décimal qui contient le moins de chiffres décimaux;

Emprunter une unité sur le premier chiffre significatif à gauche, lorsque le chiffre à soustraire sera plus fort que celui duquel on doit le retrancher.

### Preuve de la Soustraction.

**76.** La preuve de la soustraction se fait en additionnant le plus petit nombre avec le reste, et l'on doit retrouver le plus grand nombre.

| | |
|---|---|
| Le plus grand nombre est | 52,0800 |
| Le plus petit nombre est | 29,4557 |
| Le reste est de | 22,6243 |

L'addition du plus petit nombre avec le reste donne     52,0800  nombre supérieur.

## DE LA MULTIPLICATION.

**77.** La multiplication des nombres décimaux se fait comme celle des nombres entiers, sans avoir égard à la virgule, en ayant soin

1° De placer les unités de même espèce les unes sous les autres;

2° De séparer sur la droite du produit autant de chiffres décimaux qu'il y en a dans les deux facteurs;

3° De compléter par des zéros écrits sur la gauche du produit, la quantité de chiffres demandés, si le nombre des chiffres significatifs n'était pas suffisant.

Soit 3,01 à multiplier par 4,2 :

$$
\begin{array}{rl}
3,01 & \text{multiplicande} \\
4,2 & \text{multiplicateur} \\
\hline
602 & \\
1204 & \\
\hline
12,642 & \text{produit total.}
\end{array}
$$

Voici comment on opère :

On sait qu'il faut multiplier tous les chiffres du multiplicande par chaque chiffre du multiplicateur qui doit donner un produit partiel. On commence par le premier chiffre à droite.

Deux fois 1 font 2 — on pose 2.

Deux fois 0 font 0 — on pose 0 à la gauche du 2.

Deux fois 3 font 6 — on pose 6 à la gauche du 0.

Prenant ensuite le second chiffre du multiplicateur pour obtenir le second produit partiel,

Et nous rappelant toutefois qu'il faut, à chaque nouveau produit partiel que l'on commence, avancer d'un rang vers la gauche, c'est-à-dire écrire le premier chiffre de chaque produit partiel sous le chiffre multiplicateur,

On dit :

4 fois 1 font 4 — on pose 4 sous le 0 du produit 602 et en même temps sous le chiffre 4.

4 fois 0 font 0 — on pose 0 à la gauche du 4.

4 fois 3 font 12 — on pose 2 à la gauche de 0 et l'on avance 1.

Ces multiplications préparatoires terminées, on fait l'addition des produits partiels pour obtenir le produit total, et l'on sépare les décimales.

La raison en est qu'en faisant abstraction de la virgule dans les deux facteurs de la multiplication, on a rendu ces deux nombres l'un 10 fois et l'autre 100 fois plus grand, donc le produit sera lui-même 10 fois 100, ou 1000 fois trop grand ; donc, pour le ramener à sa véritable valeur, il faut le diviser par 1000 ou séparer 3 chiffres, comme nous l'avons fait.

*Autre exemple :*

Soit 0,25 à multiplier par 0,14 :

$$
\begin{array}{r}
0,25 \\
0,14 \\
\hline
100 \\
25 \\
\hline
350 \\
\hline
\end{array}
$$

Le produit ne donne que 3 chiffres, et nous en avons 4 dans les deux facteurs ; il faut donc ici appliquer ce que nous avons dit au premier paragraphe de cet article, et compléter par des zéros le nombre de chiffres décimaux nécessaires ; alors nous aurons,

au lieu de       350

le nombre      0,0350 dix millièmes.

Nous croyons nécessaire de donner quelque éclaircissement sur ce résultat.

Quoique nous n'ayons eu que des centièmes à multiplier par des centièmes, nous avons obtenu des dix millièmes au produit.

En effet :

Les deux nombres donnés sont des nombres décimaux ou mieux des fractions décimales.

Elles peuvent être représentées sous la forme de fractions ordinaires ou à deux termes ; ainsi :

$$
0,25 = \frac{25}{100}
$$
$$
0,14 = \frac{14}{100}
$$

Donc 0,25 à multiplier par 0,14, est la même chose que $\frac{25}{100}$ à multiplier par $\frac{14}{100}$.

Or, nous savons que, pour multiplier une fraction à deux termes par une fraction à deux termes, il faut multiplier les nombres supé-

rieurs ( numérateurs ) entr'eux et les nombres inférieurs ( dénomi-
nateurs ) aussi entr'eux.

$$\text{Donc } \frac{25}{100} \times \frac{14}{100} = \frac{350}{10000} \text{ ou } 0,0350.$$

Donc nous avons eu raison d'ajouter un o sur la gauche du produit, pour arriver aux quatre décimales demandées, et, qui plus
est, un second o pour tenir la place des unités.

### Preuve de la Multiplication.

78. La preuve de la multiplication, dans les nombres décimaux,
se fait, comme dans les nombres entiers, en intervertissant l'ordre
des facteurs, c'est-à-dire, en prenant le multiplicande pour multiplicateur, et le multiplicateur pour multiplicande, et si l'opération
a été bien faite, les deux produits doivent être semblables.

Ainsi, le premier exemple donne :

|              *Règle.*              |              *Preuve.*              |
| multiplicande 3,01 | multiplicande 4,2  primitiv[t] multiplicateur. |
| multiplicateur 4,2 | multiplicateur 3,01  primitiv[t] multiplicande. |
|        602         |        42          |
|       1204         |       126.         |
|   12,642 prod. égaux 12,642            |

### DE LA DIVISION.

79. La division des nombres décimaux se fait, comme celle des
nombres entiers, en ayant soin, comme dans la soustraction, de
compléter par des zéros le nombre décimal qui contient le moins
de chiffres décimaux, puis on supprime la virgule, et l'on opère
comme pour des nombres entiers.

Plusieurs cas peuvent se présenter dans la division des nombres
décimaux : nous nous bornerons à la règle précédente, qui les renferme tous.

Soit proposé de diviser 26,31 par 2,5;
complétant par des zéros, on a 26,31 divisé par 2,50;
et supprimant la virgule, 2631 divisé par 250.

Une légère remarque, avant d'effectuer cette opération :

En supprimant la virgule du dividende 26,31, c'est comme si on l'avançait de deux rangs vers la droite, et l'on obtient 2631, qui est 100 fois plus grand.

En supprimant la virgule du diviseur 2,50, c'est comme si on l'avançait de deux rangs vers la droite, et l'on obtient 250, qui est 100 fois plus grand.

Or, d'une part, le dividende devient 100 fois plus grand; de l'autre, le diviseur devient aussi 100 fois plus grand; il y a donc compensation.

Donc le quotient ne sera pas changé.

80. Si, après avoir abaissé le dernier chiffre du dividende, l'on se trouvait avoir un reste, et si l'on voulait, pour plus d'exactitude, pousser la division plus loin, il faudrait chercher des décimales, et abaisser autant de zéros, que l'on considèrerait alors comme des chiffres décimaux, que l'on voudrait avoir de chiffres décimaux au quotient.

Reprenant les nombres précédemment donnés et faisant l'opération:

$$26,31 \text{ à diviser par } 2,5;$$
ou $\quad 26,31$ à diviser par 2,50;
ou enfin 2631 à diviser par 250,

nous trouverons :

dividende 2631 | 250 diviseur.
250 | 10,524 quotient.

1310
1250

600
500

1000
1000

0

Pour faire cette opération,

On prend, sur la droite du dividende, autant de chiffres qu'il en faut pour contenir le diviseur.

Il en faut trois.

En 263 combien de fois 250? — 1 fois, que l'on porte au quotient.

Multipliant le diviseur par ce chiffre 1, et posant le produit sous le dividende partiel, on a :

1 fois 0, — 1 fois 5, — 1 fois 2, ou 250, nombre qui, retranché de 263, donne 13 pour reste.

Abaissant le chiffre suivant 1 du dividende, à côté du reste 13, on dit :

En 131 combien de fois 250? — Il n'y est pas.

On pose 0 au quotient, et l'on abaisse un second chiffre. Mais comme il n'y en a plus, ce sera un 0 qui représentera des dixièmes, et nous aurons, par conséquent, des dixièmes au quotient.

On placera donc d'abord une virgule sur la droite du chiffre 0 du quotient,

Ensuite on dira :

En 1310 combien de fois 250? — 5 fois. L'on porte 5 au quotient.

Et multipliant le diviseur 250 par ce chiffre 5, on obtient 1250, que l'on pose sous le second dividende partiel 1310; et retranchant le premier du second, on a pour reste 60.

Abaissant un nouveau 0 pour avoir des centièmes, on dira :

En 600 combien de fois 250? — 2 fois.

L'on pose 2 au quotient.

Et multipliant le diviseur 250 par ce chiffre 2, on obtient 500, qui, retranché de 600, donne pour reste 100.

Abaissant un nouveau et dernier 0 pour avoir des millièmes, on dira :

En 1000 combien de fois 250? — 4 fois.

L'on pose 4 au quotient.

Et multipliant le diviseur 250 par ce chiffre 4, on obtient 1000, qui, retranché du dividende partiel 1000, donne 0 pour reste.

81. Les divisions ne se font pas toujours aussi exactement, mais on néglige ordinairement les restes, lorsque l'on est arrivé à la troisième ou quatrième décimale.

82. Il peut arriver que l'on ait à rendre, sous la forme de fractions décimales, des fractions ordinaires ou à deux termes.

Dans ce cas, il faut diviser le nombre supérieur (numérateur) par le nombre inférieur (dénominateur), et si la division n'est pas possible, écrire o unité au quotient, et ajouter ensuite au dividende autant de zéros que l'on voudrait avoir de chiffres décimaux au quotient, en se rappelant toutefois qu'il faut porter un chiffre significatif ou autre au quotient, à chaque nouveau chiffre que l'on abaisse au dividende.

Soit pour exemple la fraction $\frac{3}{4}$ à exprimer en décimales :

$$
\begin{array}{r|l}
\text{dividende } 3\text{o} & 4 \text{ diviseur.} \\
\underline{\phantom{00}28\phantom{0}} & \overline{\phantom{0}} \\
20 & \text{o,}75 \text{ quotient.} \\
20 & \\
\underline{\phantom{000}} & \\
\text{o} &
\end{array}
$$

En 3 combien de fois 4? — Il n'y est pas.

On porte o au quotient, et ajoutant un o au dividende pour avoir des dixièmes, on dit :

En 3o combien de fois 4? — 7 fois.

Multipliant 7 par 4, diviseur, on a 28, qui, retranché de 3o, donne 2 pour reste.

Abaissant un second o pour avoir des centièmes, on dit :

En 20 combien de fois 4? — 5 fois.

Multipliant 4 par 5, on a 20, qui, retranché de 20, donne o pour reste.

Donc la fraction $\frac{3}{4}$ égale, en décimales, o,75.

83. Il existe un moyen plus abrégé de faire la division nous, n'en parlons pas ici ; on trouvera tous les développements nécessaires à ce qui pourrait paraître incomplet dans ce manuel, dans notre *Cours complet d'Arithmétique*.

## De la Preuve de la Division.

**84.** Plusieurs moyens sont aussi donnés pour faire la preuve de la division. Nous nous contenterons d'indiquer le plus simple. Il consiste

A multiplier le quotient par le diviseur, et l'on doit, si l'opération a été bien faite, retrouver le dividende.

Ainsi, reprenant les deux opérations précédentes et faisant la preuve, nous aurons :

```
dividende 2631   |  250 diviseur.              Preuve.
          250     ───────────
         ─────     10,524 quotient.
          1310                             10,524 quotient.
          1250                               250 diviseur.
         ─────                             ───────────
           600                               526200
           500                                21048
         ─────                             ───────────
          1000      prod. dividende 2631,000
          1000
         ─────
             0
```

```
dividende 30    |  4 diviseur.               Preuve.
          28     ──────────
         ────     0,75 quotient.
           20                                0,75 quotient.
           20                                  4 diviseur.
         ────                               ──────────
            0      produit dividende 3,00
```

# SECTION III.

## NOUVELLES MESURES.

85. Deux noms sont appliqués au nouveau système de mesures :

Il est appelé *métrique*, parce que le mètre en est la base;

Il est appelé *légal*, parce que c'est le seul reconnu par la loi, et qu'il est maintenant obligatoire dans toute la France.

86. Nous avons vu par quels travaux on a obtenu les deux principales de ces mesures, le *mètre* et le *gramme*.

87. Les dénominations exprimant les multiples et les subdivisions de chacune des nouvelles espèces d'unités obtenues, sont décimales; les unes sont tirées du grec, les autres du latin. Elles sont les mêmes pour toutes les mesures qui appartiennent au nouveau système.

88. Ainsi, aux six mots exprimant ces nouvelles espèces d'unités, joignant sept autres mots, on en aura en tout treize, à l'aide desquels on pourra exprimer, non-seulement les mesures nouvelles, mais aussi les multiples et les subdivisions de ces mêmes mesures.

89. Les six noms exprimant les unités, sont, comme nous l'avons vu :

MÈTRE, — ARE, — LITRE, — STÈRE, — GRAMME, — FRANC.

90. Quatre mots sont employés comme multiples;

Ce sont :

*Myria*, qui signifie dix mille — 10000;
*Kilo*, qui signifie mille — 1000;
*Hecto*, qui signifie cent — 100;
*Déca*, qui signifie dix — 10.

Les trois autres sont employés comme sous-multiples;

Ce sont :

*Déci*, qui signifie dixième — 0,1;
*Centi*, qui signifie centième — 0,01;
*Milli*, qui signifie millième — 0,001.

En joignant ces sept mots avec ceux exprimant les unités nou-

3

velles, on obtiendra toute la série des nouvelles mesures, comme on le voit dans le tableau suivant :

91.

## TABLEAU

Renfermant les *Unités* principales des nouvelles Mesures, avec leurs *Multiples* et leurs *Sous–Multiples*.

| MULTIPLES. | | | | UNITÉS. | SOUS-MULTIPLES. | | |
|---|---|---|---|---|---|---|---|
| MYRIA. | KILO. | HECTO. | DÉCA. | | DÉCI. | CENTI. | MILLI. |
| — | — | — | — | | — | — | — |
| 10000 | 1000 | 100 | 10 | | 10e | 100e | 1000e |
| Myriamètre. | Kilomètre. | Hectomètre. | Décamètre. | MÈTRE. | Décimètre. | Centimètre. | Millimètre. |
| | | Heclare. | | ARE. | | Centiare. | |
| | Kilolitre. | Hectolitre. | Décalitre. | LITRE. | Décilitre. | Centilitre. | Millilitre. |
| Myriagramme. | Kilogramme. | Hectogramme. | Décagramme. | GRAMME. | Décigramme. | Centigramme. | Milligramme. |
| | | | | FRANC. | Décime. | Centime. | |
| | | | Décastère. | STÈRE. | Décistère. | | |

Les composés qui manquent dans ce tableau, tels que *Myriare,* *Kilare,* *Décare,* *Déciare,* *Milliare,* *Myrialitre,* *Myriastère,* *Kilostère,* *Hectostère,* *Centistère* et *Millistère,* sont inusités.

Le *Franc* n'a point de multiples, et les mots *Décime* et *Centime* font exception à la formation des sous-multiples.

**92.** Il résulte de ces mots ainsi composés d'une manière simple et analogue, cet avantage, que les rapports des mesures inférieures, ainsi que des multiples, sont exprimés avec l'unité principale, ce qui ne pouvait avoir lieu dans les anciennes mesures.

**93.** Nous voyons aussi, dans le tableau précédent, que le mot *kilo,* par exemple, qui veut dire 1000, étant placé devant les mots : *mètre,* *litre,* *gramme,* etc., *kilomètre,* *kilolitre,* *kilogramme,* exprime fort bien une quantité 1000 fois plus grande.

**94.** De même le mot *déci,* placé devant ceux de *mètre,* *litre,* *gramme,* etc., *décimètre,* *décilitre,* *décigramme,* exprimera fort bien aussi la dixième partie de ces mesures.

**95** Le mot *centi* exprimera la centième partie de l'unité principale.

**96.** Le mot *milli* en exprimera la millième partie.

*Remarque.* Le nom de chaque espèce de mesure ou poids doit toujours être exprimé après les unités entières, et, par conséquent, avant les subdivisions décimales. Ainsi, l'on dira : 5 mètres 25 centimètres, et non pas 5,25 mètres; 10 mètres 48 centimètres, et non 10,48 mètres. Et comme il serait trop long d'écrire en toutes lettres ces noms chaque fois qu'ils se représenteraient, on est convenu d'en indiquer l'espèce seulement par les initiales de ces noms.

| Ainsi l'on exprime : | | | Hectare | par | h. |
|---|---|---|---|---|---|
| Myriamètre | par | m.m. | Are | | a. |
| Kilomètre | | k.m. | Centiare | | c.a. |
| Hectomètre | | h.m. | | | |
| Décamètre | | d.m. | Kilolitre | | k.l. |
| Mètre | | m. | Hectolitre | | h.l. |
| Décimètre | | d.c.m. | Décalitre | | d.l. |
| Centimètre | | c.t.m. | Litre | | l. |
| Millimètre | | m.l.m | Décilitre | | d.c.l. |

| | | | | | |
|---|---|---|---|---|---|
| Décastère | par | d.st. | Gramme | par | g. |
| Stère | | st. | Décigramme | | d.c.g. |
| Décistère | | d.c.st. | Centigramme | | c.t.g. |
| | | | Milligramme | | m.l.g. |
| Myriagramme | | m.g. | | | |
| Kilogramme | | k.g. | Franc | | f. |
| Hectogramme | | h.g. | Décime | | d. |
| Décagramme | | d.g. | Centime | | c. |

Examinons maintenant chacune de ces mesures séparément, et voyons en même temps quels rapports existent entr'elles, leurs multiples et leurs sous-multiples.

# MESURES DE LONGUEUR.

## MESURES ITINÉRAIRES OU DE DISTANCE.

### *Unité de Mesure :* MÈTRE.

**97.** La distance entre différents lieux, comme de Paris à Bordeaux, par exemple, s'évalue en myriamètres, qui est le double de la lieue ordinaire, et en kilomètres.

Ainsi, entre Bordeaux et Paris, on dira qu'il y a 573 kilomètres, ou, ce qui revient au même, 57 myriamètres 3 kilomètres.

Le *mètre* et ses subdivisions, comme ses multiples, remplacent la toise, le pied, le pouce, etc., l'aune, la canne et autres mesures plus bizarres les unes que les autres.

Le mesurage des draps et toiles, des petites distances, doit se faire en mètres, décimètres, centimètres, etc. Ainsi, on dira : 50 mètres de drap, de toile, ou 50 mètres de longueur, en général.

**98.** Le tableau suivant présente l'ensemble et la valeur réciproque du mètre avec ses multiples et ses sous-multiples décimaux.

1 degré décimal est la centième partie du quart du méridien terrestre, et vaut 10 myriamètres.

| | | | | |
|---|---|---|---|---|
| 1 myriamètre vaut | 10 k.m. | 100 h.m. | 1000 d.m. | 10000 m. |
| 1 kilomètre vaut | | 10 h.m. | 100 d.m. | 1000 |
| 1 hectomètre vaut | | | 10 d.m. | 100 |
| 1 décamètre vaut | | | | 10 |
| 1 MÈTRE | | | | 1 |
| 1 décimètre vaut 10 centimètres, et s'écrit | | | | 0,1 |
| 1 centimètre vaut 10 millimètres, et s'écrit | | | | 0,01 |
| 1 millimètre s'écrit | | | | 0,001 |

Or, si maintenant, au lieu d'écrire ces différentes espèces d'unités les unes au-dessous des autres, nous leur conservions la place qu'elles devraient occuper suivant la méthode ordinaire, et en tenant compte du rang par rapport à la virgule, résultat que l'on obtiendrait par une simple addition, nous aurions :

$$11111,111$$

Et indiquant pour chaque chiffre le nom de l'espèce d'unité qu'il représente :

1 myriamètre 1 kilomètre 1 hectomètre 1 décamètre 1 mètre 1,1 décimètre 1 centimètre 1 millimètre

On énoncerait ainsi ce nombre :

1 myriamètre 1 kilomètre 1 hectomètre 1 décamètre 1 mètre 1 décimètre 1 centimètre et 1 millimètre;

Ou simplement, en n'énonçant que l'espèce d'unité générique et le nom de la dernière espèce décimale,

Onze mille cent onze mètres cent onze millimètres.

**99.** Le nombre suivant : 789657,56 s'exprimerait ainsi : sept cent quatre-vingt-neuf mille six cent cinquante-sept mètres cinquante-six centimètres.

     NOUVELLES

**100.** Le nombre 478,25 s'exprimerait par : quatre cent soixante-dix-huit mètres vingt-cinq centimètres.

**101.** On n'emploierait les mots *myriamètre* et *kilomètre* qu'autant qu'il ne se trouverait pas d'unités d'un ordre inférieur.

**102.** Nous dirons ici, une fois pour toutes, que les rapports des nouvelles mesures aux anciennes se trouveront dans les tables de comparaison renfermées dans la V⁰ section et placées à la fin de cet ouvrage.

## MESURES DES SURFACES.

### MESURES SUPERFICIELLES.

*Unité de Mesure :* MÈTRE CARRÉ.

### MESURES AGRAIRES.

*Unité de Mesure :* ARE.

**103.** Le *mètre carré* remplace la toise carrée, la brasse, le pied, etc. Il s'emploie principalement dans les travaux de bâtiments, tels que la peinture, les enduits, le carrelage, le papier de tenture, etc.

On l'appelle aussi : *mètre superficiel.*

**104.** Les multiples et les subdivisions du mètre carré sont les mêmes que ceux du mètre linéaire ; seulement il faut avoir soin d'ajouter le mot *carré* à la suite de ces multiples et sous-multiples.

**105.** Un mètre carré est un carré qui aurait un mètre de long sur un mètre de large. Or, la surface d'un carré est égal à sa base multipliée par sa hauteur.

Donc 1,00 m. de long sur 1,00 m. de large donnent 1,00 m. de superficie.

Et si nous divisons la base et la hauteur de ce carré en dix parties égales appelées dixièmes ou décimètres carrés,

On reconnaîtra que : 1 mètre carré est égal à

10 fois 10 décimètres carrés ou 100 décimètres carrés,

100 fois 100 centimètres carrés ou 10000 centimètres carrés,

1000 fois 1000 millimètres carrés ou 1000000 millimètres carrés;

Le décimètre carré est égal à

10 fois 10 centimètres carrés ou 100 centimètres carrés,

100 fois 100 millimètres carrés ou 10000 millimètres carrés;

Le centimètre carré est égal à

10 fois 10 millimètres carrés ou 100 millimètres carrés.

Donc le décimètre carré est la centième partie du mètre carré,

Le centimètre carré est la dix millième partie du mètre carré,

Le millimètre carré est la millionième partie du mètre carré.

**106.** L'*are* remplace toutes les anciennes mesures agraires, l'arpent, la boisselée, la perche, etc.

Les champs livrés à la culture, les forêts, les étangs, doivent être mesurés en ares.

**107.** Le seul multiple de l'are est appelé *hectare* et son seul sous-multiple est appelé *centiare*.

**108.** L'are est un carré qui a 10 m. de long sur 10 m. de large, et vaut 100 mètres carrés.

**109.** L'hectare est un carré qui a 10 ares ou 100 mètres de long sur 10 ares ou 100 mètres de large, et vaut 100 ares ou 10000 mètres carrés.

**110.** Le centiare est égal à un mètre carré.

*Observations.* Il n'y a ni *déciare*, ni *kilare*, car les multiples et les subdivisions de l'are étant assujettis au système décimal, les côtés des carrés sont de 1 m., 10 m., 100 m., et la progression des surfaces, 1 m. carré, 100 m. carrés et 10000 m. carrés, est de 100 en 100 fois plus grande; il ne peut y avoir de carré seulement 10 fois plus petit ou 10 fois plus grand.

Nous ferons observer également que les mots *kilomètre carré* et *myriamètre carré* ne s'emploient que pour les grandes surfaces, en géographie, par exemple, pour exprimer la surface d'un royaume, d'une province. Le mètre serait une unité trop petite.

**111.** Le tableau suivant présente l'ensemble et la valeur réciproque du mètre carré avec ses multiples et ses sous-multiples décimaux, soit superficiels, soit agraires.

1 myriamètre carré vaut 100 k.m. c. 10000 h.m. c. 1000000 a. 100000000 c.a.

1 kilomètre carré vaut             100 h.m. c.    10000 a.    1000000

1 hectare ou hectomètre carré vaut            100 a.    10000

1 ARE ou décamètre carré vaut                   100

1 centiare ou mètre carré vaut                     1

1 décimètre carré vaut 100 centimètres carrés, et s'écrit    0,01

1 centimètre carré vaut 100 millimètres carrés, et s'écrit    0,0001

1 millimètre carré s'écrit                    {0,000001

Si maintenant nous écrivons ces différentes unités suivant la méthode ordinaire, en tenant compte du rang qu'elles occupent par rapport à la virgule, et l'on obtiendra ce résultat par une simple addition , nous aurons :

$$101010101,010101$$

et indiquant pour chaque chiffre le nom de l'espèce d'unité qu'il représente :

$$101010101,010101$$

millimètre carré
centimètre carré
décimètre carré
centiare ou mètre carré
are ou décamètre carré
hectare ou hectomètre carré
kilomètre carré
myriamètre carré

et l'on énoncerait ainsi ce nombre :

1 myriamètre carré 1 kilomètre carré 1 hectomètre carré ou hectare 1 décamètre carré ou are 1 centimètre carré ou centiare 1 décimètre carré 1 centimètre carré et 1 millimètre carré;

Ou, n'exprimant que les unités agraires : dix mille cent un hectares 1 are 1 centiare et dix mille cent un millimètres carrés.

**112.** On voit que chaque espèce d'unités est exprimée ici par deux chiffres. En effet, le mètre carré, comme nous l'avons déjà dit précédemment, n'est pas, avec ses multiples et sous-multiples, dans la proportion de 1 à 10, mais bien dans celle de 1 à 100, de 1 à 10000, de 1 à 1000000, comme on le voit dans la dernière colonne du tableau précédent.

Rappelons-nous d'ailleurs qu'il faut
100 millimètres carrés pour 1 centimètre,
100 centimètres carrés pour 1 décimètre,
100 décimètres carrés pour 1 mètre.

Donc, pour pouvoir faire suivre cette progression à nos opérations, il faut que deux chiffres, pris entre 1 et 99, appartiennent à chaque espèce d'unités, et surtout ne pas oublier que chacune de ces mesures doit être considérée comme des unités particulières, qui sont de 100 en 100 fois plus grandes.

**113.** Donc la première décimale après les mètres exprimera des dixièmes d'unités métriques, et la deuxième décimale des décimètres carrés, et la suite aussi de deux en deux pour les centimètres, les millimètres, etc.

**114.** Donc la division de ces mêmes chiffres, pour les énoncer, sera aussi toujours de deux en deux.

**115.** Ainsi, pour lire le nombre 8956764, qui exprime des centimètres carrés, et indiquer en le lisant les mètres et décimètres carrés qu'il renferme, on le divisera comme ci-dessous :

$$895 \cdot 67 \cdot 64$$

mètres carrés   décimètres carrés   centimètres carrés

**116.** Pour lire le nombre 96549, qui renferme des mètres carrés, et l'exprimer en mesures agraires, nous rappelant qu'un mètre carré vaut un centiare, etc., nous suivrons encore la même marche et nous dirons :

0.hectares · 65 ares · 49.centiares

## MESURES DE SOLIDITÉ.

*Unité de Mesure :* MÈTRE CUBE *ou* STÈRE.

**117.** Le *mètre cube* et ses subdivisions remplacent la toise cube, le pied cube, etc. On l'emploie dans la mesure des murs en maçonnerie, dans les terrassements, etc.

Ses seules subdivisions sont le *décimètre* et le *centimètre cube*. Il est sans multiples.

**118.** Le mètre cube prend le nom de *stère* lorsqu'il s'agit du mesurage des bois de chauffage ou de charpente ; ses sous-multiples sont le *décistère* et le *centistère*, et son seul multiple est le *décastère*.

Il remplace la toise cube, la corde, la voie, etc.

**119.** Un mètre cube ( et tout ce que nous allons en dire s'appliquera également au stère ) un mètre cube est, comme nous l'avons déjà fait connaître, un volume qui a six faces égales ( 1 mètre de long sur 1 mètre de haut et 1 mètre d'épaisseur ).

**120.** On obtient sa solidité en multipliant ces trois dimensions l'une par l'autre.

Le décimètre cube sera donc un volume dont les six faces auront chacune 1 décimètre de côté.

**121.** Le centimètre cube sera un volume dont les six faces auront chacune 1 centimètre de côté.

**122.** Le millimètre cube sera un volume dont les six faces auront chacune 1 millimètre de côté.

Donc, en nous rappelant les subdivisions du mètre et surtout ce qui a été dit touchant le mètre carré,

Nous trouverons, en multipliant les trois dimensions l'une par l'autre, que

**123.** Le mètre cube vaut 1000 decimètres cubes 1·000·000 de centimètres cubes et 1·000·000·000 de millimètres cubes;

**124.** Le décimètre cube vaut 1000 centimètres cubes et 1·000·000 de millimètres cubes;

**125.** Le centimètre cube vaut 1000 millimètres cubes.

On le voit encore ici, comme lorsqu'il s'agissait du mètre carré, les sous-multiples du mètre cube n'ont pas conservé le rapport que désigne leur dénomination.

**126.** Le décimètre cube n'est pas la 10ᵉ partie du mètre cube, mais la millième partie;

**127.** Le centimètre cube en est la millionième;

**128.** Le millimètre cube en est la billionième.

**129.** Ainsi, le rapport, qui d'abord fut de 10, devint ensuite de 100, et maintenant il est de 1000.

Le raisonnement par lequel on pourrait le prouver serait à peu près le même que celui dont nous nous sommes servis pour le mètre carré; nous ne le répèterons pas.

Nous dirons seulement que trois chiffres deviendront alors nécessaires pour exprimer chaque espèce d'unités nouvelles et devront être pris de 1 à 999, et qu'ainsi, les décimètres cubes seront placés à la 3ᵉ décimale, les centimètres à la 6ᵉ, et les millimètres cubes à la 9ᵉ. Le premier chiffre décimal n'en représentera pas moins des dixièmes, le second des centièmes; mais dixième et décimètre carré ou cube, centième et centimètre carré ou cube, ne peuvent être pris comme synonymes.

Il n'en est pas de même du stère et de ses multiple et sous-multiple.

**130.** Le décastère vaut 10 stères;

**131.** Le décistère vaut un dixième du stère.

**132.** Tableau présentant l'ensemble et la valeur réciproque du mètre cube ou stère et de leurs multiples et sous-multiples.

Le MÈTRE CUBE vaut 1000 décim. cub. 1000000 cent. cub. 1000000000 mill. cub.
1 décimètre cube vaut                    1000 cent. cub.      1000000 mill. cub.
1 centimètre cube vaut                                         1000 mill. cub.

---

Le décastère vaut            10 stères 100 décist. 1000 centist. 10000 millist.
1 STÈRE vaut   1000 décimètres cub. ou 10 décist.   100 centist.   1000 millist.
1 décistère vaut 100 décimètres cub. ou               10 centist.    100 millist.
1 centistère vaut 10 décimètres cub. ou                              10 millist.

**133.** Donc, pour résumer tout ce qui a été dit sur les solides, nous voyons que s'il fallait énoncer en mètres cubes et subdivisions du mètre cube le nombre 789657654, qui ne renfermerait, par exemple, que des centimètres cubes, nous formerions sur sa droite deux tranches de trois chiffres, et nous aurions :

$$789 \cdot 657 \cdot 654$$



c'est-à-dire, 789 mètres cubes 657 décimètres cubes 654 centimètres cubes, ou 789 mètres cubes 657654 centimètres cubes.

Si nous avions dû avoir des millimètres cubes, nous aurions :

$$789 \cdot 657 \cdot 654$$



que l'on énoncerait ainsi : 789657654 millimètres cubes.

**134.** Quant au stère, la nomenclature en est facile, puisqu'il est soumis au sytème décimal simple. Ainsi, 78564 décistères nous donnent : 785 décastères 6 stères 4 décistères, ou 7856 stères 4 décistères, et le nombre 61785 centistères nous donne :

$$6 \quad 1 \quad 7,8 \quad 5$$

6 1 7,8 5    (décastères, stères, décistères, centistères)

61 décastères 7 stères 8 décistères 5 centistères, ou simplement 617 stères 85 centistères.

---

# MESURES DE CAPACITÉ.

---

## MATIÈRES SÈCHES et LIQUIDES.

### *Unité de Mesure* : LITRE.

---

**135**. Le *litre*, ses multiples et ses subdivisions remplacent toutes les anciennes mesures de capacité : le muid, la velte, la pinte, le boisseau, le setier, etc.

Il est employé, ainsi que ses multiples et ses sous-multiples, dans la vente des liquides : vins, esprits ; ou des matière sèches : orge, blé, farine.

**136**. Ses multiples sont le *kilolitre*, l'*hectolitre* et le *décalitre*. Le kilolitre est égal à 1 mètre cube.

**137**. Ses sous-multiples sont le *décilitre*, le *centilitre* et le *millilitre*.

**138**. Nous nous rappelons par quelles expériences on parvint à trouver le poids d'un décimètre cube d'eau ramenée à son maximum de densité, pour ensuite arriver à l'unité de poids.

C'est ce même volume d'un décimètre cube que nous appelons litre, après avoir toutefois remplacé sa forme cubique par la forme cylindrique, qui est plus commode.

**139**. Le litre est donc égal en capacité à un décimètre cube, c'est-à-dire qu'un décimètre cube de matière quelconque, remplirait complètement la mesure appelée litre.

**140.** Le *litre*, unité de mesure de capacité, a donc aussi trouvé sa base dans le système métrique.

Les multiples et sous-multiples du litre sont décimaux.

**141.** Le tableau suivant présente l'ensemble et la valeur réciproque du litre avec ses multiples et ses sous-multiples décimaux.

|  | h.l. | d l. | l. | d.c.l. | c.t.l. |  |
|---|---|---|---|---|---|---|
| 1 kilolitre vaut | 10 | 100 | 1000 | 10000 | 100000 | ou 1 mètre cube. |
| 1 hectolitre vaut |  | 10 | 100 | 1000 | 10000 | ou 0,100 décim. cub, |
| 1 décalitre vaut |  |  | 10 | 100 | 1000 | ou 0,010 décim. cub. |
| 1 LITRE vaut |  |  |  | 10 | 100 | ou 0,001 décim. cub. |
| 1 décilitre vaut |  |  |  |  | 10 | ou 0,0001 dix mille. |
| 1 centilitre vaut |  |  |  |  |  | 0,00001 cent mille. |
| 1 millilitre vaut |  |  |  |  |  | 0,000001 c.t.m. cub. |

Et si nous écrivons, suivant la méthode ordinaire, ces quantités, en tenant toujours compte du rang qu'elles occupent par rapport à la virgule,

Nous trouverons :

En additionnant la 1<sup>re</sup> colonne à droite, 1,111111;

En additionnant la 1<sup>re</sup> colonne à gauche, 1111111.

Or, le premier résultat renferme le mètre cube et ses subdivisions, et donne 1 mètre cube 111111 centimètres cubes.

Le second résultat renfermant des litres et ses multiples et sous-multiples, sera rendu parfaitement par :

$$\begin{array}{ccccccc} 1 & 1 & 1 & 1 & 1 & 1 & 1 \\ \text{kilolitre} & \text{hectolitre} & \text{décalitre} & \text{litre} & \text{décilitre} & \text{centilitre} & \text{millilitre} \end{array}$$

Et séparant par une virgule les subdivisions des unités entières, nous aurons : 1 kilolitre 1 hectolitre 1 décalitre 1 litre, et 1 décilitre 1 centilitre 1 millilitre; ou : 1111 litres 111 millilitres; ou encore : 11 hectolitres 11 litres 111 millilitres.

**142.** Nous croyons faire plaisir en donnant ici les dimensions de quelques-unes des mesures de capacité en usage.

Dans les mesures en bois, pour matières sèches, la hauteur est égale au diamètre.

Dans les mesures en étain, pour les liquides, la hauteur est le double du diamètre.

### *Pour les Grains et Matières sèches :*

| NOMS DES MESURES. | HAUTEUR ET DIAMÈTRE. |
|---|---|
| | millimètres. |
| Kilolitre ou *Muid* (mètre cube). | 1084.7 |
| Demi-Kilolitre | 860.1 |
| Double Hectolitre | 633.8 |
| Hectolitre ou nouveau *Setier*. | 503.1 |
| Demi-Hectolitre | 399.3 |
| Double Décalitre | 294.2 |
| Décalitre ou nouveau *Boisseau* | 233.5 |
| Demi-Décalitre. | 185.3 |
| Double Litre. | 136.6 |
| Litre ou nouvelle *Pinte*. | 108.4 |
| Demi Litre. | 86.0 |
| Double Décilitre. | 63.4 |
| Décilitre ou *Verre* | 50.3 |

### *Pour les Liquides :*

| NOMS DES MESURES. | DIAMÈTRE. | HAUTEUR. |
|---|---|---|
| | millimètres. | millimètres. |
| Hectolitre. | 399.3 | 798.5 |
| Demi-Hectolitre. | 316.9 | 633.8 |
| Double Décalitre | 233.5 | 467.0 |
| Décalitre ou *Velte* | 185.3 | 370.6 |
| Demi-Décalitre | 147.1 | 294.2 |
| Double Litre | 108.4 | 216.7 |
| Litre ou nouvelle *Pinte* | 86.0 | 172.0 |
| Demi-Litre | 68.3 | 136.6 |
| Double Décilitre | 50.3 | 100.6 |
| Décilitre ou *Verre* | 39.9 | 79.9 |
| Demi-Décilitre | 31.7 | 63.4 |
| Double Centilitre | 23.3 | 46.7 |
| Centilitre. | 18.5 | 37.1 |

Les mesures à lait, en fer-blanc, ont les mêmes dimensions que celles en bois, ci-dessus.

# MESURES DE POIDS.

*Unité principale de Poids :* GRAMME.
*Unité auxiliaire :* KILOGRAMME.

**143.** Pour peser, on se sert de balances. Dans l'un des plateaux on met les poids ; dans l'autre, l'objet dont on veut connaître la quantité.

Le poids dont on se sert ne pouvait être pris arbitrairement : aussi avons-nous vu quelles expériences on fut obligé de faire pour en déterminer un qui ne pût s'altérer par le temps et qui fût à l'abri des révolutions. On dut s'appuyer encore sur le mètre.

Le choix tomba, quant au volume, sur un décimètre cube, et le poids de l'eau distillée prise à ce volume et ramenée à son maximum de densité, c'est-à-dire à 4 degrés du thermomètre centigrade, étant trouvé égal à 18827 grains 15 centièmes (anciennes mesures), fut appelé *kilogramme*.

**144.** Or, nous avons vu encore que le décimètre cube était égal à 1000 centimètres cubes : donc la 1000ᵉ partie du kilogramme, ou le *gramme*, est égale au poids d'un centimètre cube d'eau ramenée à sa plus grande densité et pesée dans le vide.

**145.** Le *gramme* fut donc déclaré unité de poids.

Cependant, comme nous l'avons dit dans l'exposé du système métrique, les expériences se firent, attendu la petitesse du gramme et pour plus d'exactitude dans le résultat, sur un cube mille fois plus grand, sur le décimètre cube, ou *kilogramme*.

**146.** Le gramme, avec ses multiples et ses sous-multiples, remplacent la livre poids de marc, l'once, le gros, le denier, et tous les autres poids anciens.

**147.** Le gramme et ses subdivisions sont employés dans la pesée des médicaments pharmaceutiques, dans celle du diamant, et dans les petites parties de bijouterie, or et argent.

**148.** Ses multiples sont le *décagramme*, l'*hectogramme*, le *kilo-gramme* et le *myriagramme*.

**149.** Ses sous-multiples sont : le *décigramme*, le *centigramme*, le *milligramme*.

**150.** Le myriagramme s'emploie principalement dans les fortes pesées de roulage.

**151.** Un mètre cube d'eau pèse 1000 kilogrammes; c'est le poids du tonneau de mer.

**152** Le quintal métrique est de 100 kilogrammes.

Le système décimal est encore appliqué aux mesures de poids.

**153.** Tableau présentant l'ensemble et la valeur réciproque du gramme et de ses multiples et sous-multiples :

Un mètre cube (tonneau de mer) vaut 100 m.g. 1000 k.g. 10000 h.g. 100000 d.g. 1000000 g. 10000000 d.c.g. 100000000 c.t.g. 1000000000 m.l.g.

|                       | k.g. | h.g. | d.g. | g. | d.c.g. | c.t.g. | m.l.g. |
|-----------------------|------|------|------|------|--------|--------|----------|
| 1 myriagramme vaut | 10 | 100 | 1000 | 10000 | 100000 | 1000000 | 10000000 |
| 1 kilogramme vaut |  | 10 | 100 | 1000 | 10000 | 100000 | 1000000 |
| 1 hectogramme vaut |  |  | 10 | 100 | 1000 | 10000 | 100000 |
| 1 décagramme vaut |  |  |  | 10 | 100 | 1000 | 10000 |
| 1 GRAMME vaut |  |  |  |  | 10 | 100 | 1000 |
| 1 décigramme vaut |  |  |  |  |  | 10 | 100 |
| 1 centigramme vaut |  |  |  |  |  |  | 10 |
| 1 milligramme s'écrit |  |  |  |  |  |  | 0,001 |

**154.** En écrivant comme à l'ordinaire ces quantités à la suite les unes des autres, sans y comprendre toutefois celles qui ont rapport au tonneau de mer, nous aurons :

11111111

Et séparant par une virgule les quantités décimales, on trouve :

1 1 1 1 1,1 1 1

myriagramme kilogramme hectogramme décagramme gramme décigramme centigramme milligramme

Et l'on énoncerait ainsi ce nombre :

1 myriagramme 1 kilogramme, etc. ; ou : 11 kilogrammes 111

grammes 111 milligrammes; ou : 11111 grammes 111 milligrammes; ou enfin toute autre énonciation convenable.

Ainsi, le nombre 7894567, s'il était partagé en kilogrammes, grammes et centigrammes, donnerait :

$$78 \ 945 \cdot 67$$

kilogrammes   grammes   centigrammes

78 kilogrammes 945 grammes et 67 centigrammes.

---

# MONNAIES DÉCIMALES.

---

*Unité monétaire :* FRANC.

*Unité auxiliaire :* CENTIME.

---

**155**. Le *franc* remplace la *livre tournois* et les monnaies duodécimales de 24 sous, 12 sous, les écus de 3 livres et de 6 livres, etc.

Les nouvelles monnaies françaises sont assujetties également au système décimal des mesures prises dans la nature, et pour leur poids et leur module, et pour leur titre et leur division.

Aux termes de la loi du 7 germinal an XI (28 mars 1803), le franc doit peser cinq grammes, dont 9 dixièmes d'argent pur et un dixième d'alliage. C'est encore le même système décimal appliqué.

**156**. Le franc n'a pas de multiples décimaux. Cependant, pour en accommoder l'usage à la nécessité, on a frappé des pièces d'argent de 2 francs et 5 francs et des pièces d'or de 20 et 40 francs.

**157**. Les subdivisions du franc sont : le *décime* et le *centime*.

**158**. Le franc vaut 10 décimes et le décime 10 centimes.

**159**. On a aussi frappé des pièces de 5o centimes et de 25 centimes en argent; ce sont des demi-francs et des quarts de franc.

**160**. Le décime et la pièce de 5 centimes sont vulgairement appelés pièces de 2 sous ou de 1 sou.

**161**. Les monnaies d'or contiennent, ainsi que celles d'argent, neuf dixièmes de métal pur et un dixième d'alliage; c'est la proportion qui paraît donner à ces pièces le plus de dureté.

**162**. La pièce dite de *billon* est la petite pièce de deux sous. Elle renferme quelques parties d'argent.

**163**. Le poids et le diamètre des différentes pièces de monnaies d'or, d'argent ou de billon, sont métriques. Ainsi, l'on pourrait s'en servir comme poids usuels et mesures de longueur.

### *Poids.*

1 pièce de billon de 1o centimes pèse 2 grammes.

1 pièce de 5 centimes. . . . . . . . .  
1 pièce de 2 francs . . . . . . . . . . } pèsent 1 décagramme.

1o pièces de 5 centimes. . . . . . .  
1o pièces de 2 francs . . . . . . . . } pèsent 1 hectogramme.  
4 pièces de 5 francs. . . . . . . . .

5oo pièces de billon de 1o centimes.  
5o pièces de 1 décime. . . . . . . .  
4o pièces de 5 francs . . . . . . . . . } pèsent 1 kilogramme.  
155 pièces de 20 francs . . . . . . .

5oo pièces de 5 centimes . . . . . .  
25o pièces de 1 décime . . . . . . . } pèsent 5 kilogrammes.  
2oo pièces de 5 francs. . . . . . . .

A l'aide de ces premières données, on pourrait, par d'autres combinaisons, former tous les poids que l'on voudrait obtenir. Nous allons donner ici le poids de quelques-unes de ces monnaies en grammes.

| | | g. | | | g. |
|---|---|---|---|---|---|
| Pièce d'or de 4o fr. | pèse | 12,9o3 | Pièce d'argent de 1 fr. | pèse | 5,ooo |
| Pièce d'or de 2o fr. | — | 6,452 | Pièce d'argent de 5o c. | — | 2,5oo |
| Pièce d'argent de 5 fr. | — | 25,ooo | Pièce d'argent de 25 c. | — | 1,25o |
| Pièce d'argent de 2 fr. | — | 10,ooo | Pièce de 5 c. | — | 1o,ooo |

## *Diamètres.*

**164.** Toutes les pièces de même monnaie et de même métal ont toutes rigoureusement le même diamètre, quels que soient, du reste, les ateliers dans lesquels elles ont été frappées.

Ces mêmes diamètres sont inégaux, lorsque les pièces sont de valeur ou de métal différents.

Les seules pièces de 2 francs et de 5 centimes sont exceptées : elles ont le même diamètre et le même poids.

Dans le principe, les légendes au pourtour des pièces d'or et d'argent étaient marquées en creux, maintenant elles sont en relief. On devrait donc tenir compte de cette saillie, comme aussi de la cannelure des pièces de 2 francs et de 1 franc, qui pourraient donner un peu moins d'exactitude aux mesures déterminées à l'aide de ces pièces de monnaie. Ainsi :

32 pièces de 40 fr. et 8 pièces de 20 fr. <br>
11 pièces de 40 fr. et 34 pièces de 20 fr. <br>
19 pièces de 5 fr. et 11 pièces de 2 fr. <br>
20 pièces de 2 fr. et 20 pièces de 1 fr. <br>
20 pièces de 5 c. et 20 pièces de 1 fr. <br>
7 pièces de 1 déc. et 29 pièces de 5 c.

} doivent produire 1 mètre.

La longueur du mètre serait également obtenue par d'autres combinaisons de ces différentes pièces. Nous allons, du reste, donner ici le diamètre de quelques-unes de ces pièces.

| | m.l.m. | | | m.l.m. |
|---|---|---|---|---|
| Pièce d'or de 40 fr. | — 0,026 | Pièce d'argent de 1 fr. | — | 0,023 |
| Pièce d'or de 20 fr. | — 0,021 | Pièce d'argent de 50 c. | — | 0,018 |
| Pièce d'argent de 5 fr. | — 0,037 | Pièce d'argent de 25 c. | — | 0,010 |
| Pièce d'argent de 2 fr. | — 0,027 | Pièce de 5 c. | — | 0,027 |

**165.** Le tableau suivant présente l'ensemble et la valeur réciproque du franc et de ses sous-multiples.

1 franc vaut 10 décimes 100 centimes. <br>
1 décime vaut 10 centimes. <br>
1 centime s'écrit 0,01

En écrivant ces quantités à la suite les unes des autres, on aurait :

111

Et séparant par une virgule les quantités décimales, on trouve :

1,1 1 centime décime franc

Et l'on dirait : 1 fr. 1 décime 1 centime, ou simplement 1 fr. 11 c.

Ainsi, le nombre 18465, exprimé en francs et centimes, donnerait :

184,65 centimes francs

Cent quatre-vingt-quatre francs soixante-cinq centimes.

# DE LA DIVISION DE LA CIRCONFÉRENCE
## ET DU JOUR ASTRONOMIQUE.

**166.** Pour compléter tout ce qui a été dit sur les nouvelles mesures, nous pensons devoir dire un mot sur la division nouvelle de la circonférence du cercle et celle du jour astronomique, auxquelles nous joindrons l'application du même système décimal à quelques usages de la marine.

### De la Circonférence.

**167.** Nous n'avons point à donner ici la définition de la circonférence, cela rentre dans la géométrie ; mais rappelons-nous ce qui a été dit touchant le méridien terrestre, qui a été trouvé égal à 10·000·000 de mètres.

**168.** Le méridien total est de 40·000·000 de mètres, et ce sont ces 40·000·000 de mètres qui constituent la circonférence de la terre.

**169**. Ce que nous allons dire s'applique indifféremment à toutes les espèces de circonférences.

**170**. La division est centésimale.

|  |  | mètres. |
|---|---|---|
| La circonférence a été divisée en 400 parties égales ou degrés et vaut | | 40000000 |
| Le quart du cercle ou méridien v. 100 degrés ou | | 10000000 |
| Le degré décimal vaut | 100 minutes décimales ou | 100000 |
| La minute décimale vaut | 100 secondes décimales ou | 1000 |
| La seconde décimale vaut | 100 tierces ou | 10 |
| La tierce décimale vaut | 100 quartes ou | 0,1 |

Chaque espèce d'unités étant écrite, doit être séparée pour être énoncée séparément, et le nom de l'espèce doit être immédiatement indiqué. Ainsi, on dirait :

25 degrés 11 minutes 80 secondes, que l'on représenterait ainsi : $25° 11^m 80^s$.

Cette division n'est pas généralement suivie.

### Du Jour astronomique.

**171**. Le jour astronomique est distingué du jour solaire.

**172**. Le jour solaire est marqué par le temps que le soleil reste sur notre horizon et nous prodigue sa clarté.

**173**. Le jour astronomique, c'est la division du temps en parties égales de 24 heures.

**174**. La division nouvelle du jour astronomique est décimale et centésimale; ainsi :

|  | m. | s. | t: | q. |
|---|---|---|---|---|
| 1 jour vaut 10 heures, l'heure vaut | 100 | 10000. | 1000000 | 100000000 |
| La minute vaut | | 100 | 10000 | 1000000 |
| La seconde vaut | | | 100 | 10000 |
| La tierce vaut | | | | 100 |

**175**. Les heures, les minutes, les secondes, etc., pour être écrites et énoncées, doivent être exprimées séparément. Ainsi, l'on doit dire :

4 heures 20 minutes 81 secondes.

ou 4 h. 20 m. 81 s.

**176.** Cette division, du reste, n'a pu être adoptée dans la pratique, surtout pour les montres, les horloges et les pendules.

**177.** Dans la marine, la boussole est divisée en 40 parties égales, appelées *aires de vent*.

**178.** Le quart de la boussole vaut 10 aires de vent.

**179.** L'aire de vent est divisée en 10 degrés.

**180.** Donc la boussole est elle-même divisée en 400 degrés.

**181.** Le nœud ou loc dont on se sert pour déterminer la distance parcourue par le vaisseau, en un temps quelconque, équivaut à 10 mètres.

# DU CALCUL DÉCIMAL

## APPLIQUÉ AUX NOUVELLES MESURES.

**182.** Pour mettre en usage les mesures dont nous venons d'indiquer la composition et la décomposition, il faut, comme on voit, leur appliquer le calcul décimal. Or, nous avons vu, dans la section des nombres décimaux, le rang qui appartenait, par sa valeur, à chaque espèce d'unité décimale. On devra donc se renfermer expressément dans ce que nous en avons dit, et l'appliquer aux opérations métriques.

### DE L'ADDITION.

**183.** L'addition des quantités appartenant aux nouvelles mesures se fait absolument comme celle des nombres décimaux (pag. 22).

Le seul soin que l'on ait à apporter est dans le placement régulier de la virgule ; car nous savons que chaque espèce d'unité multiple ou sous-multiple doit être placée dans un rang déterminé à l'avance ; ainsi, par exemple, que les décimètres sont placés au 1er rang à la droite des mètres, les décamètres au 1er rang à la gauche, les centimètres au 2e rang à la droite, les hectomètres au 2e rang à la gauche, etc. Donc, en écrivant les unités sous les unités, ou mieux, en plaçant les virgules dans une même colonne verticale, chaque espèce d'unités se trouvera placée dans l'ordre qui lui convient.

**184.** *Exemple :* Un ouvrier a travaillé pendant 5 jours : le premier jour, il a fait 25 mètres 24 centimètres d'ouvrage ; le second jour, il en a fait 11 mètres 25 centimètres ; le troisième jour, 15 mètres 19 centimètres ; le quatrième jour, 6 mètres 95 centimètres ; le cinquième jour, 38 mètres 75 centimètres.

On demande la somme totale de ses 5 journées de travail.

Ecrivant nos nombres les uns en dessous des autres, comme il vient d'être dit plus haut, nous aurons :

$$
\begin{array}{r}
25,24 \\
\hline
11,25 \\
15,19 \\
6,95 \\
38,75 \\
\hline
97,38 \\
\end{array}
$$

Preuve  72,14
25,24

Somme pareille  97,38

En faisant l'addition, nous trouvons pour somme totale : 97 mètres 38 centimètres ; et si maintenant, sachant que le mètre d'ouvrage était payé 0ᶠ, 50ᶜ, on demandait combien cet ouvrier a gagné, il faudrait alors multiplier la quantité d'ouvrage fait, par le prix du mètre, et le résultat donnerait le gain de l'ouvrier, ou 48 fr. 69 c.

Nous verrons à l'article *Multiplication* la manière de faire ces sortes d'opérations.

### *Exercices sur l'Addition.*

**185.** 25 kilogrammes de marchandise — 19 kilogrammes 250 grammes — 38 kilogrammes 19 décagrammes — 12 kilogrammes 458 grammes — 0 kilogramme 2555 décigrammes. — Total : 95 kilogrammes 1535 décigrammes.

**186.** 28 francs 19 centimes — 315 fr. 25 c. — 48 fr. 95 c. — o fr. 75 c. — 142 fr. 07 c. — 416 fr. 33 c. — Total : 951 fr. 54 c.

**187.** 72 décalitres — 315 hectolitres 25 litres — 19 litres 75 centilitres — 335 kilolitres 25 décalitres. — Total : 367 kilolitres 51 décalitres 4 litres 75 centilitres.

**188.** 46 mètres 85 centimètres — 145 mètres 19 centimètres — 25 mètres 72 centimètres — 188 mètres 45 centimètres — 335 mètres 45 centimètres — 211 mètres 75 centimètres — 46 mètres 75 centimètres. — Total : 1000 mètres 16 centimètres.

**189.** 25 hectares 72 ares 19 centiares — 45 ares — 32 hectares 45 ares 17 centiares — o hectare o are 95 centiares — 79 ares — 1 hectare 25 ares 19 centiares.—Total : 60 hectares 67 ares 50 centiares.

**190.** 19 stères— 4 décastères—25 stères 9 décistères—33 stères 5 décistères — 19 décistères — 43 décastères. — Total : 55 décastères o stère 3 décistères.

**191.** 9 kilogrammes—35 myriagrammes 72 grammes—11 kilogrammes 7 hectogrammes — 91 kilogrammes 7 hectogrammes 4 décagrammes 25 décigrammes — 32 hectogrammes 6 grammes — 35 myriagrammes. — Total : 81 myriagrammes 5 kilogrammes 7 hectogrammes 20 grammes 5 décigrammes.


## DE LA SOUSTRACTION.


**192.** La marche à suivre dans la soustraction des quantités qui appartiennent aux nouvelles mesures, est la même que celle suivie pour les quantités décimales.

Nous devrons, comme dans l'addition, apporter un soin extrême dans la disposition de nos deux nombres ; car si, par exemple, on plaçait un décagramme ou un gramme sous un kilogramme, on concevra sans peine que le résultat de la soustraction ne serait qu'une grave erreur ; car la première condition à remplir pour qu'une soustraction soit possible, c'est que les unités soient de même espèce ; or, pour ce faire, plaçons la virgule sous la virgule.

**193.** *Exemple :* un particulier a reçu en marchandises 21 myriagrammes 7 kilogrammes 9 hectogrammes 21 grammes ; il en a vendu 11 myriagrammes 9 kilogrammes 6 hectogrammes et 5 grammes : combien lui en reste-t-il en magasin? Nous aurons, en retranchant la partie vendue de la quantité achetée :

| | | |
|---|---|---|
| De | 217921 | grammes achetés, |
| retranchez | 119605 | grammes vendus. |
| Reste | 98316 | grammes en magasin. |
| Preuve | 217921 | même nombre que ci-dessus. |

Et si l'on voulait savoir pour combien l'on a vendu de ces marchandises, il faudrait multiplier la quantité vendue par le prix, ou du myriagramme ou du kilogramme ou du gramme, etc.

Ainsi, si le kilogramme valait 0 fr. 60 c., multipliant 119 kilogrammes 605 grammes par 0 fr. 60 c., on aurait : 71 fr. 76 c., valeur des marchandises vendues.

**194.** On pourrait également désirer connaître le bénéfice fait sur cette vente; il faudrait alors faire deux opérations semblables, d'abord multiplier la quantité vendue par le prix d'achat, et retrancher ce produit du prix de la vente : la différence donnerait alors le bénéfice net.

Ainsi, le prix d'achat étant de 0 fr. 40 c., 119 kilogrammes 605 grammes à 0 fr. 40 c. produiraient 47 fr. 84 c., qui, retranchés de 71 fr. 76 c. donneraient, comme ci-dessous :

| | | |
|---|---|---|
| Prix de vente | 71 fr. | 76 c. |
| Prix d'achat | 47 | 84 |
| Bénéfice | 23 | 92 |
| Preuve | 71 | 76 |

## Exercices sur la Soustraction.

**195.** 25 mètres 19 centimètres à retrancher de 112 mètres 45 centimètres. — Reste 87 m. 26 c. t. m.

**196.** 33 stères à retrancher de 115 stères 25 centistères. — Reste 82 st. 25 c.t.st.

**197.** 9 hectares 19 ares à retrancher de 25 hectares 11 ares 19 centiares. — Reste 15 h. 92 a. 19 c.t.a.

**198.** 45 décalitres 11 litres à retrancher de 72 décalitres 7 litres. — Reste 26 d.l. 6 l.

**199.** 92 kilogrammes 25 grammes à retrancher de 115 kilogrammes 17 grammes. — Reste 22 k. 992 g.

**200.** 345 francs à retrancher de 615 francs 19 centimes. — Reste 270 fr. 19 c.

**201.** 33 francs 29 centimes à retrancher de 45 francs. — Reste 11 fr. 71 c.

**202.** 115 décigrammes à retrancher de 1 myriagramme. — Reste 99 h.g. 885 d.c.g.

**203.** 33 hectogrammes à retrancher de 12 myriagrammes. — Reste 11 m.g. 67 h.g.

## DE LA MULTIPLICATION.

**204.** Dans la multiplication des quantités appartenant aux nouvelles mesures, plusieurs remarques faites précédemment sont à rappeler :

1° Disposer les nombres comme dans les nombres décimaux;

2° Opérer en ne tenant nul compte de la virgule;

3° Séparer ensuite sur la droite du produit autant de chiffres décimaux qu'il y en a dans les deux facteurs (multiplicande et multiplicateur);

4° Enfin, ne jamais oublier que la nature des unités du produit est déterminée par la question. Elles doivent toujours être de la même espèce que celles du multiplicande.

*Exemple :*

**205.** Déterminer le prix de 19 hectares 30 ares 75 centiares, le prix de l'hectare étant de 815 francs.

On demande le prix de 19 hectares 30 ares 75 centiares; donc nous obtiendrons des francs et centimes au produit; donc nous devons avoir :

$$815 \text{ fr. pour multiplicande.}$$
$$19 \text{ h. } 30 \text{ a. } 75 \text{ c. pour multiplicateur.}$$

$$
\begin{array}{r}
4075 \\
5705 \\
2445. \\
7335 \\
815 \\
\hline
15735,6125
\end{array}
$$

Faisant l'opération comme à l'ordinaire, en séparant 4 chiffres sur la droite du produit, puisqu'il y a quatre chiffres décimaux à la droite des hectares, et ne conservant que deux décimales pour exprimer les décimes et centimes, nous trouvons 15735 fr. 61 c. pour prix des 19 hectares 30 ares 75 centiares.

*Autre exemple :*

**206.** Soit demandé le prix de 115 hectolitres 32 litres ou 11532 litres de froment, à raison de 20 fr. 80 c. l'hectolitre, nous devons obtenir des francs et centimes au produit ; donc on a

$$20 \text{ fr. } 80 \text{ c. } \quad \text{multiplicande.}$$
$$115,32 \qquad \text{multiplicateur.}$$

$$
\begin{array}{r}
4160 \\
6240\cdot \\
10400 \\
2080 \\
2080 \\
\hline
2398,6560
\end{array}
$$

Séparant 4 chiffres décimaux et n'en conservant que deux pour décimes et centimes, après toutefois avoir forcé d'un, parce que le 1ᵉʳ chiffre supprimé à droite (le 6) est plus fort que 5, nous trouvons pour le prix des 115 hectolitres 32 litres, 2398 fr. 66 centimes.

*Autres exemples :*

**207.** 4 kilogrammes de fer,       10 stères de bois à brûler,
à o fr. 20 c. le kilogramme.    à 25 fr. le stère.

<table>
<tr><td>o fr. 20 c.</td><td>25 fr.</td></tr>
<tr><td>4</td><td>10</td></tr>
<tr><td>o fr. 80 c.</td><td>25o fr.</td></tr>
</table>

Prix des 4 kilogr. de fer,    Prix des 10 stères de bois,
o fr. 8o c.    25o fr.

**208.** La preuve de la multiplication se ferait en intervertissant l'ordre des facteurs.

*Exercices sur la Multiplication.*

**209.** 25 mètres 19 centimètres d'ouvrage à 1 fr. 25 c. le mètre, produisent 31 fr. 49 c.

**210.** 45 hectolitres 25 litres à 4 fr. 25 c. le décalitre, produisent 1923 fr. 13 c.

**211.** 9 hectares 25 centiares à 1100 fr. l'hectare, produisent 9902 fr. 75 c.

**212.** 3o·ooo kilogrammes à o fr. 10 c. le kilogramme, produisent 3ooo fr. oo c.

**213.** 25 décastères 6 stères à 3o fr. 23 c. le décastère, produisent 773 fr. 89 c.

**214.** Un champ de 15 mètres 39 centimètres de long sur 11 m. 45 c. de large, produit une surface de 1 are 76 centiares.

**215.** Un mur de 6 mètres de haut sur 25 mètres de long et 2 mètres d'épaisseur, donne 3oo mètres cubes.

**216.** 25 kilogrammes de plomb en nappe couvrent 4 mètres de surface, combien faudra-t-il de kilogrammes de plomb si l'on a 2oo mètres à couvrir? — Rép. 125o k.g.

**217.** 35 hectolitres de grain suffisent pour ensemencer 1 hectare, combien en faudrait-il pour ensemencer 25 hectares? — Réponse : 875 h.l.

**218.** Un homme mangeant en huit jours 16 kilogrammes de

pain, combien faudrait-il de pain pour nourrir 200 hommes dans la même proportion ? — R. 3200 k.g.

**219.** Un ballot de marchandise pèse 450 kilogrammes, combien 19 ballots semblables pèseraient-ils ensemble? — R. 8550 k.g.

**220.** 33 francs sont gagnés par 1 ouvrier, combien 215 ouvriers gagnent-ils? — R. 7095 fr.

## DE LA DIVISION.

**221.** La division des quantités qui appartiennent aux nouvelles mesures se fait également comme celle des nombres décimaux. Rappelons en peu de mots les principes établis précédemment :

1° Disposer les nombres comme dans les opérations ordinaires;

2° Compléter par des zéros le nombre (dividende ou diviseur) qui contiendra le moins de chiffres sous-multiples décimaux;

3° Supprimer la virgule, ce qui ne peut influer sur la valeur réelle du quotient;

4° Ne jamais perdre de vue que la question a déterminé à l'avance l'espèce des unités que l'on doit obtenir.

**222.** *Exemple :* Le kilogram. de marchandise valant 1 fr. 37 c., combien en aurait-on pour 515 fr.?

Nous devons trouver des kilogrammes au quotient, et nous aurons 515 à diviser par 1 fr. 37 c., ou :

$$515 \quad : \; 1,37$$

Et complétant les décimales,  515,00 : 1,37

Supprimant la virgule, on trouve enfin, en employant la méthode abrégée pour faire la division :

| dividende 51500 | 137 diviseur. | *Preuve.* |
|---|---|---|
| 1040 | 375,912 | 375,912 |
| 810 | | 137 |
| 1250 | | 2631384 |
| 170 | | 1127736 |
| 330 | | 375912 |
| 56 | | 56 reste de la divis. |
| | | 515,00,000 |

Opérant comme à l'ordinaire, mettant une virgule au quotient après le chiffre 5 provenant du dernier o exprimant des unités entières, puis abaissant trois zéros pour avoir des hectogrammes, des décagrammes et des grammes au quotient, nous trouvons 375 kilogrammes 912 grammes, c'est-à-dire que si 1 kilogramme coûtait 1 fr. 37 c., nous aurions 375 kilogr. 912 gr. pour 515 fr.

**223.** Peut-être on sera surpris de ce que, divisant des francs par des francs (515 par 1,37), on obtient des kilogrammes au quotient ; la raison en est qu'en ajoutant des zéros sur la droite de 515 et supprimant la virgule (51500 et 137), nous considérons ces nombres comme n'exprimant plus que des unités prises en général, c'est-à-dire comme nombres abstraits. Or, ces mêmes unités peuvent dès-lors exprimer toutes celles qu'il nous conviendra de leur faire représenter en unités concrètes; mais la question étant formulée de manière à exiger des kilogrammes au quotient, nous avons eu raison de conclure que

Le quotient de 515 fr. par 1,37 était réellement de 375 kilogrammes 912 grammes; car la question était celle-ci :

Pour 515 francs combien de kilogrammes? — 375 kilogrammes 912 grammes, comme la preuve a donné en multipliant le quotient par le diviseur (375 kilogrammes 912 grammes par 1 fr. 25 c.) 515 fr. pour produit.

*Autre exemple :*

**224.** 25 mètres d'ouvrage coûtent 240 fr. ; à combien revient le mètre ?

Nous devons avoir des francs au quotient, et nous avons à diviser 240 fr. par 25 m.

| dividende 240 | 25 diviseur. | | *Preuve.* |
|---|---|---|---|
| 225 | | | 9,60 |
| | 9,60 quotient. | | 25 |
| 150 | | | |
| 150 | | | 4800 |
| | | | 1920 |
| 00 | | | 240,00 |

L'ouvrage a donc été payé sur le pied de 9 fr. 60 c. le mètre.

*Autre exemple.*

**225.** 115 hectolitres 6 litres de vin coûtent 311 fr.; à combien revient l'hectolitre, et par suite le litre?

Nous trouverons des francs et centimes au produit, car nous avons

115 hectol. o décal. 6 lit. ou 11506 lit. pour diviseur de 311 fr.

| dividende 31100 | 11506 diviseur. | *Preuve.* |
|---|---|---|
| 80880 | 0, 027029 ou 0,02703 | 11506 |
| 33800 | | 0, 027029 |
| 107880 | | 103554 |
| 4326 | | 23012 |
| | | 80542 |
| | | 23012 |
| | | 4326 |
| | | 311,000000 |

Le prix du litre de vin serait donc de o fr. 02703 ou un peu plus de 2 centimes et demi; et l'hectolitre vaudrait, en avançant la virgule de deux rangs, puisque l'hectolitre est cent fois plus grand que le litre, 2 fr. 703 millièmes, ou simplement 2 fr. 70 c.

### *Exercices sur la Division.*

**226.** 25 hectares 49 centiares coûtent 20000 fr.; à combien revient l'hectare? —Quotient : 799 fr. 84 c.

**227.** 309 décastères de bois à brûler coûtent 30000 fr.; à combien revient le stère? — Quotient : 9 fr. 71 c.

**228.** 6000 hectolitres de vin coûtent 57658 fr. 29 c.; à combien reviendra l'hectolitre? — Quotient : 9 fr. 61 c.

**229.** 6000 hectolitres de vin coûtent 57658 fr. 29 c.; à combien reviendra le litre? — Quotient : 0 fr. 10 c.

**230.** 358 mètres carrés d'ouvrage coûtent 1381 fr. 25 centimes; quel est le prix du mètre? — Quotient : 3 fr. 86 c.

**231.** 575 mètres superficiels ont coûté 6157 francs; à combien revient le mètre? — Quotient : 10 fr. 71 c.

**232.** 987 mètres linéaires ont coûté 615 francs; à combien revient le mètre? — Quotient : 0 fr. 62 c.

**233.** 32 mètres 75 centimètres cubes de pierre ont coûté 309 fr. 17 c.; à combien revient le mètre cube? — Quotient : 9 fr. 44 c.

**234.** Combien vaudra 1 kilogramme de marchandises, si 38 kilogrammes coûtent 190 francs? — Quotient : 5 fr. 00 c.

**235.** 40 hectares 25 ares 59 centiares coûtent 79855 fr. 46 c.;

Quel est le prix de l'hectare? — Quotient : 1983 fr. 70 c.

Quel est le prix de l'are? — Quotient : 19 fr. 84 c.

Quel est le prix du centiare ? — Quotient : 0 fr. 20 c.

**236.** 415 ouvriers ont fait ensemble 8578 mètres cubes de terrasse; à combien chaque ouvrier a-t-il droit, sachant qu'un mètre cube est payé 3 fr. 00 c. ? — Quotient : 62 fr 01 c.

**237.** On a fait 18000 kilomètres en 25 jours; combien en faisait-on chaque jour? — Quotient : 720 kilomètres.

### Question générale renfermant les quatre opérations.

**238.** Six ouvriers ont fait 96 mètres d'ouvrage d'une part, 315 mètres d'un autre côté, 218 d'un troisième, 3415 d'un quatrième;

Il y en a eu 200 mètres de refusés comme mal exécutés,

Combien revient-il à chaque ouvrier, sachant que le mètre est payé 19 fr. 25 c.? Il revient à chacun 12332 fr. 83 c.

# SECTION IV.

## ANCIENNES MESURES.

239. Nous aurions en vain désiré ne faire aucune mention des anciennes mesures; la nécessité où l'on se trouvera pendant long-temps encore de les comparer avec les nouvelles, surtout lorsqu'il s'agira d'examiner des titres de propriété, exigeait une sorte de répertoire de ces mesures.

Nous suivrons, pour leurs multiples et leurs sous-multiples, la même marche que celle que nous avons cru devoir adopter dans la nomenclature des nouvelles mesures, mais nous nous bornerons à des chiffres, ne voulant en aucune manière aider à perpétuer l'emploi de ces mesures défectueuses. Que l'on ne compte donc sur aucune théorie de notre part, sur aucune opération isolée, faite sur ces mesures seules.

Nous pensons, par notre ouvrage, avoir rendu facile la comparaison des anciennes mesures aux nouvelles, comme aussi leur conversion ou changement; les personnes qui en auront besoin devront s'appliquer à saisir tout ce que nous avons dit déjà dans les sections II$^e$ et III$^e$ de ce Manuel, et ce que nous dirons encore dans la section V$^e$, et à l'aide des tableaux comparatifs que nous avons insérés à la suite, et l'indifférence pourra seule désormais embarrasser dans l'emploi des nouvelles mesures, emploi, du reste, rendu obligatoire, comme nous l'avons vu, à partir du 1$^{er}$ janvier 1840.

# MESURES DE LONGUEUR.

### ITINÉRAIRES et LINÉAIRES.

*Unité : La* TOISE, *remplacée par le* MÈTRE.

---

**240.** Lieue marine, de 20 au degré, vaut. . . . . . . 2850 toises.

Lieue ordinaire, de 25 au degré, vaut. . . . . . . . 2280

Lieue de poste. . . . . . . . . . . . . . . . . . . 2000

Mille nautique. . . . . . . . . . . . . . . . . . . 950

La toise vaut 6 pieds, 72 pouces, 864 lignes.

Le pied vaut 12 pouces, 144 lignes.

Le pouce vaut 12 lignes.

L'aune de Paris était de 3 pieds 7 pouces 10 lignes $\frac{5}{6}$, ou environ 527 lignes.

---

# MESURES DE SURFACES.

---

*Unité : La* TOISE CARRÉE, *remplacée par le* MÈTRE CARRÉ, *était une surface qui avait une toise dans tous les sens.*

---

**241.** La lieue marine carrée était de 8122500 toises carrées.

La lieue carrée ordinaire était de 5198400 toises carrées.

La lieue de poste carrée était de 4000000 toises carrées.

Le mille carré était de 902500 toises carrées.

L'arpent valait 100 perches carrées, c'est-à-dire 10 perches de long sur 10 perches de large.

Ainsi, l'arpent des eaux et forêts (la perche étant celle de 22 pieds de côté) valait 1344 toises carrées environ, ou 48400 pieds carrés.

L'arpent commun était de 20 pieds à la perche, et donnait par conséquent 40000 pieds carrés, et la perche carrée valait 400 pieds carrés.

L'arpent ordinaire de Paris (la perche ayant 18 pieds de côté) valait 900 toises carrées, ou 32400 pieds carrés.

La perche carrée de 22 pieds valait 484 pieds carrés.

La perche carrée de 20 pieds valait 400 pieds carrés.

La perche carrée de 18 pieds valait 384 pieds carrés.

La toise carrée valait 36 pieds carrés, 5184 pouces carrés, 746496 lignes carrées.

Le pied carré valait 144 pouces carrés, 20736 lignes carrées.

Le pouce carré valait 144 lignes carrées.

## MESURES DE SOLIDITÉ.

*Unité : La* TOISE CUBE, *remplacée par le* MÈTRE CUBE, *avait 6 pieds de long, 6 pieds de large et 6 pieds de haut.*

**242.** La toise cube valait 216 pieds cubes, 373·248 pouces cubes, 644·972·544 lignes cubes.

Le pied cube valait 1728 pouces cubes, 2·985·984 lignes cubes.

Le pouce cube valait 1728 lignes cubes.

Le tonneau de mer était d'une capacité égale à 42 pieds cubes.

La toise-toise-pied, ou carré de 1 toise de longueur, 1 toise de large et 1 pied d'épaisseur, valait 36 pieds cubes.

La toise-toise-pouce valait 3 pieds cubes.

La toise-toise-ligne valait 432 pouces cubes.

### *Bois de chauffage.*

**243.** La voie de Paris avait 4 pieds de longueur, 4 pieds de hauteur, et la bûche 3 pieds 6 pouces de longueur.

La corde des eaux et forêts était le double de la voie de Paris.

La corde de grand bois avait 8 pieds de long, 4 pieds de haut, et la bûche 4 pieds de longueur.

La corde de port avait 8 pieds de long, 5 pieds de haut, et la bûche 3 pieds 6 pouces de longueur.

### Charpente.

**244.** La solive ancienne était égale à la toise-toise-pouce, ayant 12 pieds de long sur 6 pouces d'équarrissage, et valait par conséquent 3 pieds cubes.

# MESURES DE CAPACITÉ.

*Unité :* BOISSEAU *et* LITRON, *remplacés par le* LITRE *et le* DÉCALITRE.

## MATIÈRES SÈCHES.

**245.** Le boisseau de Paris était d'une capacité égale à 655 pouces cubes, 78 centièmes.

Il était divisé en 16 litrons, et le litron lui-même en demi, quart et demi-quart de litre.

Le muid de grains valait 12 setiers, et le setier 12 boisseaux.

Le muid d'avoine valait aussi 12 setiers, mais le setier contenait 24 boisseaux.

Le muid de sel, 12 setiers de 16 boisseaux.

Le muid de charbon, 10 setiers de 32 boisseaux.

La mine était la moitié et le minot le quart du setier.

### Liquides.

**246.** Le muid de Paris valait deux feuillettes, la feuillette deux quartauts, le quartaut 9 setiers ou veltes, le setier 8 pintes.

La piute, que l'on crut longtemps être égale à 48 pouces cubes, ne fut trouvée, d'après les anciens étalons, contenir que 46 pouces 95 centièmes; si elle eût contenu réellement 48 pouces cubes, on l'eût considérée comme étant la 36ᵉ partie d'un pied cube, et le muid eût alors valu 8 pieds cubes ou 288 pintes.

## MESURES DE POIDS.

*Unité :* **Livre poids de marc**, *remplacée par le* **Kilogramme**.

**247.** Le chargement des navires s'évaluait en tonneaux; le tonneau de mer valait 2000 livres poids de marc. Ainsi, le vaisseau de 400 tonneaux était celui qui pouvait porter 800 mille livres pesant.

Dans le commerce, la pesée se faisait au quintal ou poids de 100 livres.

La livre poids de marc se divisait en 2 marcs, valant chacun 8 onces, ou en 16 onces, valant 128 gros, 384 scrupules ou deniers, et 9216 grains.

L'once valait 8 gros, 24 scrupules, 576 grains.

Le gros valait 3 scrupules, 72 grains.

Le scrupule valait 24 grains.

**248.** Pour les pesées délicates, celles de médicaments pharmaceutiques, par exemple, on employait des demi, des quarts, des huitièmes de grains.

Les pierres fines sont pesées au karat, qui équivaut à environ 3 grains 87 centièmes.

La livre de soie ne valait que 15 onces, et celle dont se servaient les médecins était de 12 onces; l'once valait 8 drachmes, le drachme 5 scrupules, et le scrupule 2 oboles ou 24 grains.

# DES MONNAIES.

---

**249.** Rien n'était plus incomplet que la division des monnaies anciennes, rien n'était moins aisé à compter.

On avait :

Pièces d'or $\begin{cases} \text{Le double louis, valant 48 livres, et pesait } 15,297 \\ \text{Le louis simple, valant 24 livres,} \qquad — \quad 7,649 \end{cases}$

Pièces d'argent $\begin{cases} \text{L'écu de 6 livres et celui de 3 livres} \; — \begin{cases} 29,488 \\ 14,744 \end{cases} \\ \text{Des pièces de 30 sous, de 24 sous, de 15 sous, de} \\ \text{12 s., de 6 s., avec des poids proportionnels.} \end{cases}$

La livre valait 20 sous ou 240 deniers.
Le sou valait            12 deniers.

---

# DE LA DIVISION

*De la Circonférence du Cercle et de celle du Jour*
*astronomique.*

---

**230.** Nous avons dit dans la III<sup>e</sup> section (celle des *Nouvelles Mesures*), ce que l'on entendait par *circonférence* et par *jour astronomique* : nous n'y reviendrons donc pas, quoique les anciennes divisions aient été jusqu'à présent généralement conservées.

### *Division de la Circonférence.*

**231.** La circonférence était divisée en 360 parties égales, appelées degrés; elle valait 21600 minutes, 1296000 secondes, 77760000 tierces, etc.

Le degré était divisé en 60 parties égales, appelées minutes, et valait 3600 secondes et 216000 tierces.

La minute était divisée en 60 parties égales, appelées secondes, et valait 3600 tierces.

La seconde était divisée en 60 parties égales, appelées tierces.

Ces diverses espèces d'unités étaient représentées ainsi :

$$3 \text{ degrés } 11 \text{ minutes } 59 \text{ secondes } 43 \text{ tierces,}$$
$$\text{ou mieux} \quad 3° \; 11^m \; 59^t \; 43^t.$$

### Division du Jour astronomique.

232. Le jour astronomique était et est encore aujourd'hui divisé en 24 heures, 1440 minutes, 86400 secondes, 5184000 tierces.

$$\text{L'heure vaut 60 m. } 3600 \text{ s. } 21600 \text{ t.}$$
$$\text{La minute vaut} \qquad 60 \text{ s. } 3600 \text{ t.}$$
$$\text{La seconde vaut} \qquad\qquad 60 \text{ t.}$$

L'abandon de cette division ayant, dans la pratique, rencontré trop d'obstacles, on est convenu de la conserver pour les usages journaliers, et pour la division des montres, pendules, etc.

233. Dans la marine, la boussole était divisée en 32 aires de vent ou rhumb, qui valaient chacune 11° 25^m.

# SECTION V.

## DE LA CONVERSION

*Des anciennes Mesures en nouvelles, et réciproquement, de la Comparaison des nouvelles Mesures aux anciennes. — Tables de Conversion; leur Formation et leur Usage.*

**254.** Nous touchons au terme de la tâche que nous nous étions imposée : d'abord nous avons fait connaître les bases du nouveau système de mesures prises dans la nature; — ensuite des notions sur les nombres décimaux ont disposé aux opérations à faire sur ces nouvelles mesures; — puis est venue l'exposition complète du système métrique; — et enfin, en dernier lieu, la nomenclature des anciennes mesures, avec leurs multiples et sous-multiples.

**255.** Il nous reste maintenant à établir le rapport qui doit nécessairement exister entre les deux systèmes, et sans l'aide duquel il serait impossible de comparer les anciennes mesures aux nouvelles ou réciproquement; et, pour parvenir à déterminer ce rapport, il faut absolument connaître la valeur réelle et exacte des unités susceptibles de comparaison.

**256.** Des tables placées à la fin de cette section donnent ces valeurs comparées avec autant d'exactitude que l'exige la pratique ; mais avant d'indiquer comment nous sommes parvenus à former ces tables, nous allons exposer le moyen par lequel on peut déterminer le rapport de deux de ces unités. Nous choisissons le mètre et la toise, comme étant les mesures le plus journellement employées. Des opérations analogues à celles qui suivent, conduiraient au même résultat dans les autres mesures ; mais , comme nous venons de le dire, les tables de conversion placées à la suite éviteront cette recherche, qui, renouvelée souvent, deviendrait trop abstraite.

**257.** Nous savons que le mètre vaut $0^t$ $3^{pi}$ $0°$ $11^l,296$ ou $443^l,296$.

La toise aussi vaut 6 pieds, 72 pouces ou            864 lign.

**258.** La division de la valeur du mètre par celle de la toise donnera pour quotient le rapport du mètre à la toise.

Ainsi, 443 l. 296 divisé par 864 l. donne 0 toise 51307, c'est-à-dire que le mètre est à la toise à peu près comme 0 m. 51 c. est à 100, ou qu'un mètre vaut les $\frac{51}{100}$ d'une toise.

**259.** La division de la valeur de la toise par celle du mètre donnera pour quotient le rapport de la toise au mètre.

Ainsi, 864 l. divisé par 443 l. 296, donne 1 m. 94904, c'est-à-dire que la toise vaut 1 mètre, plus 94904 cent millièmes, ou environ 1 mètre 95 centimètres.

|  | m. |  | t. |
|---|---|---|---|
| La toise vaut en mètre | 1,94904 | Le mètre vaut en toise | 0,51307 |
| Le pied vaut le 6e de la toise | 0,32484 | Le d.c m. ou 10e vaudra | 0,051307 |
| Le pouce v. le 12e du pied | 0,02707 | Le c.t.m. ou centième v. | 0,0051307 |
| La ligne v. le 12e du pouce | 0,002256 | Le m.l.m. ou millième v. | 0,00051307 |

**260.** Ainsi, l'on voit que, connaissant la valeur de la toise en mètre, et réciproquement, il suffira

De diviser la valeur de la toise par 6 pour avoir la valeur d'un pied ;

De diviser la valeur du pied par 12, pour avoir celle d'un pouce ;

De diviser la valeur du pouce par 12, pour avoir celle d'une ligne ;

C'est-à dire de diviser la valeur de l'unité principale successivement par chacun de ses sous-multiples, comme il faudrait les multiplier par ces mêmes sous-multiples, si on voulait revenir des plus faibles subdivisions à l'unité principale; ainsi, l'on devrait multiplier le nombre 0 m. 002256, valeur d'une ligne en mètre par 12, pour avoir la valeur du pouce, puis le produit obtenu 0,02707 par 12 encore, pour avoir la valeur du pied, puis ce dernier produit 0 m. 32484 par 6, pour retrouver la valeur de la toise en mètres.

**261.** Nous appliquerions le même raisonnement pour retrouver la valeur du mètre en toise et en ses subdivisions.

Si l'on avait dû chercher le rapport du mètre carré à la toise carrée, il eût fallu multiplier la valeur du mètre par elle-même, et celle de la toise aussi par elle-même, et l'on eût trouvé après division, pour rapport du mètre carré à la toise, 0 mètre 263245, et pour rapport de la toise carrée au mètre, 3,798744.

Il en serait de même pour le rapport du mètre cube à la toise cube, etc.

**262.** Ces résultats étant obtenus, rien n'était plus facile que d'établir nos tables de conversion.

# DES TABLES DE COMPARAISON
## OU CONVERSION.

**263.** Les personnes qui ont quelques connaissances en arithmétique savent comment on parvient à établir la table de multiplication dite table de Pythagore. La marche pour l'établissement de nos tables de conversion est absolument la même.

Ainsi, sachant que la valeur du mètre en toises est de    1,9490

| | | |
|---|---|---|
| En ajoutant cette valeur à elle-même on aura | 2 toises | 3,8981 |
| En ajoutant la valeur de 2 t. à celle de 1 t. on aura | 3 = | 5,8471 |
| En ajoutant la valeur de 3 t. à celle de 1 t. on aura | 4 = | 7,7962 |
| En ajoutant la valeur de 4 t. à celle de 1 t. on aura | 5 = | 9,7452 |
| En ajoutant la valeur de 5 t. à celle de 1 t. on aura | 6 = | 11,6942 |
| En ajoutant la valeur de 6 t. à celle de 1 t. on aura | 7 = | 13,6433 |
| En ajoutant la valeur de 7 t. à celle de 1 t. on aura | 8 = | 15,5923 |
| En ajoutant la valeur de 8 t. à celle de 1 t. on aura | 9 = | 17,5413 |
| En ajoutant la valeur de 9 t. à celle de 1 t. on aura | 10 = | 19,4904 |

On continuerait ainsi jusqu'à l'infini.

| | | |
|---|---|---|
| En multipliant la valeur de 10 t. par 5, on aura | 50 = | 97,4518 |
| En multipliant la valeur de 10 t. par 10, on aura | 100 = | 194,9037 |
| En multipliant la valeur de 10 t. par 100, on aura | 1000 = | 1949,0366 |

La légère différence que l'on remarque provient de ce que l'on n'a conservé qu'une partie des chiffres décimaux à l'aide desquels on a obtenu ces derniers résultats.

**264.** On dresserait de la même manière les tables de toutes les autres mesures.

### *Du but des Tables de Conversion et de la manière de s'en servir.*

**265.** Notre but, en établissant ces tables, qui existent déjà dans quelques autres ouvrages d'arithmétique, mais d'une manière plus ou moins complète, a été, nous l'avons dit, d'éviter aux personnes qui se serviraient de notre Manuel, l'embarras des calculs comparatifs entre les nouvelles et les anciennes mesures.

**266.** Leur usage est fort simple ; il consiste à chercher dans chacune d'elles les valeurs correspondantes aux unités à convertir. Par exemple, si nous avons des toises à convertir en mètres, nous chercherons le tableau comparatif qui renferme ces rapports ; si ce sont des kilogrammes en livres anciennes, nous chercherons également le tableau qui peut renfermer ces rapports, ce qui est toujours indiqué par le titre. Si les valeurs à convertir ne se trouvaient pas exprimées dans ces tableaux, il serait facile de les obtenir par une simple addition ou tout au plus par une petite multiplication, si l'on voulait arriver plus promptement au résultat.

### *Exemple :*

**267.** Quelle est la valeur de 25 toises en mètres ?

Cherchant le tableau de réduction des toises en mètres,

La valeur de 20 toises ne s'y trouve pas exprimée, mais nous avons celle de 10 : or, 2 fois 10 font 20 ; donc en prenant 2 fois 10 toises et 1 fois 5 toises, on voit que

| | | |
|---|---|---|
| 10 toises égalent | 19 m. | 4904 |
| 10 toises égalent | 19 , | 4904 |
| 5 toises égalent | 9 , | 7452 |
| Faisant l'addition, on trouve 25 toises égalent | 48 m. | 7260 |

### *Autre exemple :*

**268.** Quelle est la valeur de 1050 mètres en toise ?

Cherchant le tableau de réduction des mètres en toises, on voit que

|                              |                          |
|------------------------------|--------------------------|
| 1000 mètres valent           | 513 t. o pi.  5 °  3$^l$,956 |
| 5o mètres valent             | 25 — 3 — 11 — o$^l$,797   |
| Faisant l'addition, on trouve |                         |
| 1o5o mètres valent           | 558 t. 4 pi.  4 °  4$^l$,733 |

*Autre exemple :*

**269.** Quelle est la valeur de 85 livres en kilogrammes ?

Cherchant le tableau de réduction des livres en kilogrammes , on voit que

|                    |            |
|--------------------|------------|
| 5o livres valent   | 24 k. 4755 |
| 1o livres valent   | 4 , 8951   |
| 1o livres valent   | 4 , 8951   |
| 1o livres valent   | 4 , 8951   |
| 5 livres valent    | 2 , 4475   |

Faisant l'addition, on trouve 85 livres valent   31 k. 6o81

*Autre exemple :*

**270.** Quelle est la valeur de 23 onces en grammes ?

Cherchant le tableau de réduction des onces en grammes, on voit que

|                   |             |
|-------------------|-------------|
| 1o onces valent   | 3o5 gr. 94  |
| 1o onces valent   | 3o5 , 94    |
| 3 onces valent    | 91 , 78     |

Faisant l'addition , on trouve 23 onces valent   7o3 gr. 66

*Autre exemple :*

**271.** Quelle est la valeur de 9 mètres carrés en toises carrées ?

Cherchant le tableau de réduction des mètres carrés en toises carrées, on trouve

9 mètres carrés égalent 2 t. 36g2 dix millièmes de toise,

ou 2 t. 37 centièmes.

*Autre exemple :*

**272.** Quelle est la valeur de 15 toises carrées en mètres carrés?

Cherchant le tableau de réduction des toises carrées en mètres carrés, on voit que

$$10 \text{ t. carrées valent } 37 \text{ m. } 9874$$
$$5 \text{ t. carrées valent } 18 \text{ , } 9937$$

Faisant l'add^on, on trouve 15 t. carrées valent 56 m. 9811 carr.

*Autre exemple :*

**273.** Quelle est la valeur en kilogrammes de 1080 livres 7 onces 5 gros?

Cherchant les tableaux de réduction des livres, onces et gros en kilogrammes, on voit que

| | | |
|---|---|---|
| 1000 livres valent | 489 k. | 506 |
| 50 livres valent | 24 , | 475 |
| 10 livres valent | 4 , | 895 |
| 10 livres valent | 4 , | 895 |
| 10 livres valent | 4 , | 895 |
| 7 onces valent | 0 , | 214 |
| 5 gros valent | 0 , | 019 |

Faisant l'addition, on trouve 1080 l. 7° 5 gr. valent 528 k. 899 g.

**274.** On pourrait donner encore une foule d'exemples, mais ceux qui précèdent devront suffire pour donner une connaissance complète de la marche à suivre, quelles que soient les comparaisons que l'on ait à faire.

Nous nous arrêterons donc ici.

# RÉDUCTION

| des TOISES EN MÈTRES. | | des PIEDS EN DÉCIMÈT. | | des POUCES EN CENTIM. | | des LIGNES EN MILLIM. | |
|---|---|---|---|---|---|---|---|
| Toises. | Mètres. | Pieds. | Décimètres. | Pouces. | Centimètres | Lignes. | Millimètres |
| 1 | 1,9490 | 1 | 3,2484 | 1 | 2,707 | 1 | 2,256 |
| 2 | 3,8981 | 2 | 6,4968 | 2 | 5,414 | 2 | 4,512 |
| 3 | 5,8471 | 3 | 9,7452 | 3 | 8,121 | 3 | 6,767 |
| 4 | 7,7962 | 4 | 12,9936 | 4 | 10,828 | 4 | 9,023 |
| 5 | 9,7452 | 5 | 16,2420 | 5 | 13,535 | 5 | 11,279 |
| 6 | 11,6942 | 6 | 19,4904 | 6 | 16,242 | 6 | 13,535 |
| 7 | 13,6433 | 7 | 22,7388 | 7 | 18,949 | 7 | 15,791 |
| 8 | 15,5923 | 8 | 25,9872 | 8 | 21,656 | 8 | 18,047 |
| 9 | 17,5413 | 9 | 29,2355 | 9 | 24,363 | 9 | 20,302 |
| 10 | 19,4904 | 10 | 32,4839 | 10 | 27,070 | 10 | 22,558 |
| 50 | 97,4518 | 50 | 162,4197 | 50 | 135,350 | 50 | 112,791 |
| 100 | 194,9037 | 100 | 324,8394 | 100 | 270,700 | 100 | 225,583 |
| 1000 | 1949,0366 | 1000 | 3248,3943 | 1000 | 2706,995 | 1000 | 2255,829 |

# RÉDUCTION

| des MÈTRES EN TOISES, PIEDS, POUCES, LIGNES. | | | | | des MÈTRES EN PIEDS, POUCES, LIGNES. | | | |
|---|---|---|---|---|---|---|---|---|
| Mètres. | Toises. | Pieds. | Pouces. | Lignes. | Mètres. | Pieds. | Pouces. | Lignes. |
| 1 | 0 — 3 — 0 — 11,296 | | | | 1 | 3 — 0 — 11,296 | | |
| 2 | 1 — 0 — 1 — 10,592 | | | | 2 | 6 — 1 — 10,592 | | |
| 3 | 1 — 3 — 2 — 9,888 | | | | 3 | 9 — 2 — 9,888 | | |
| 4 | 2 — 0 — 3 — 9,184 | | | | 4 | 12 — 3 — 9,184 | | |
| 5 | 2 — 3 — 4 — 8,480 | | | | 5 | 15 — 4 — 8,480 | | |
| 6 | 3 — 0 — 5 — 7,776 | | | | 6 | 18 — 5 — 7,776 | | |
| 7 | 3 — 3 — 6 — 7,072 | | | | 7 | 21 — 6 — 7,072 | | |
| 8 | 4 — 0 — 7 — 6,368 | | | | 8 | 24 — 7 — 6,368 | | |
| 9 | 4 — 3 — 8 — 5,664 | | | | 9 | 27 — 8 — 5,664 | | |
| 10 | 5 — 0 — 9 — 4,960 | | | | 10 | 30 — 9 — 4,960 | | |
| 50 | 25 — 3 — 11 — 0,797 | | | | 50 | 153 — 11 — 0,797 | | |
| 100 | 51 — 1 — 10 — 1,594 | | | | 100 | 307 — 10 — 1,594 | | |
| 1000 | 513 — 0 — 5 — 3,936 | | | | 1000 | 3078 — 5 — 3,936 | | |

# RÉDUCTION

des

## DÉCIMÈT. EN PIEDS, POUCES, LIGNES.     CENTIMÈT. EN PIEDS, POUCES, LIGNES.

| Décimètres | Pieds. | Pouces. | Lignes. | Centimèt. | Pieds. | Pouces. | Lignes. |
|---|---|---|---|---|---|---|---|
| 1 | 0 | 3 | 8,330 | 1 | 0 | 0 | 4,433 |
| 2 | 0 | 7 | 4,659 | 2 | 0 | 0 | 8,866 |
| 3 | 0 | 11 | 0,989 | 3 | 0 | 1 | 1,299 |
| 4 | 1 | 2 | 9,318 | 4 | 0 | 1 | 5,732 |
| 5 | 1 | 6 | 5,648 | 5 | 0 | 1 | 10,165 |
| 6 | 1 | 10 | 1,977 | 6 | 0 | 2 | 2,598 |
| 7 | 2 | 1 | 10,307 | 7 | 0 | 2 | 7,031 |
| 8 | 2 | 5 | 6,637 | 8 | 0 | 2 | 11,464 |
| 9 | 2 | 9 | 2,966 | 9 | 0 | 3 | 3,897 |
| 10 | 3 | 0 | 11,296 | 10 | 0 | 3 | 8,330 |
| 50 | 15 | 4 | 8,480 | 50 | 1 | 6 | 5,650 |
| 100 | 30 | 9 | 4,960 | 100 | 3 | 0 | 11,300 |
| 1000 | 307 | 10 | 1,600 | 1000 | 30 | 9 | 5,000 |

# RÉDUCTION

des

## MILLIM. EN LIG., DES MÈTRES EN TOIS. AVEC DES DÉCIMALES.     AUNES EN MÈTRES, DES MÈTERS EN AUNES.

| Millim. | Lignes. | Mètres. | Toises. | Aunes. | Mètres. | Mètres. | Aunes. |
|---|---|---|---|---|---|---|---|
| 1 | 0,443 | 1 | 0,513 | 1 | 1,188 | 1 | 0,84 |
| 2 | 0,887 | 2 | 1,026 | 2 | 2,377 | 2 | 1,68 |
| 3 | 1,330 | 3 | 1,539 | 3 | 3,565 | 3 | 2,52 |
| 4 | 1,773 | 4 | 2,052 | 4 | 4,754 | 4 | 3,37 |
| 5 | 2,216 | 5 | 2,565 | 5 | 5,942 | 5 | 4,21 |
| 6 | 2,660 | 6 | 3,078 | 6 | 7,131 | 6 | 5,05 |
| 7 | 3,103 | 7 | 3,592 | 7 | 8,319 | 7 | 5,89 |
| 8 | 3,546 | 8 | 4,105 | 8 | 9,508 | 8 | 6,73 |
| 9 | 3,990 | 9 | 4,618 | 9 | 10,696 | 9 | 7,57 |
| 10 | 4,433 | 10 | 5,131 | 10 | 11,884 | 10 | 8,41 |
| 50 | 22,165 | 50 | 25,654 | 50 | 59,422 | 50 | 42,07 |
| 100 | 44,330 | 100 | 51,307 | 100 | 118,845 | 100 | 84,14 |
| 1000 | 443,296 | 1000 | 513,074 | 1000 | 1188,450 | 1000 | 841,40 |

# RÉDUCTION

| des TOISES CARRÉES EN METRES CARRÉS. | | des PIEDS CARRÉS EN MÈTR. CARRÉS. | | des MÈTRES CARRÉS EN TOISES CARRÉES. | | des MÈTRES CARRÉS EN PIEDS CARRÉS. | |
|---|---|---|---|---|---|---|---|
| T. carr. | Mètres carrés | Pi. carr. | Mètres carr. | Mèt.car. | Toises carr. | Mèt.car. | Pieds carrés |
| 1 | 3,799 | 1 | 0,106 | 1 | 0,263 | 1 | 9,48 |
| 2 | 7,598 | 2 | 0,211 | 2 | 0,527 | 2 | 18,95 |
| 3 | 11,396 | 3 | 0,317 | 3 | 0,790 | 3 | 28,43 |
| 4 | 15,195 | 4 | 0,422 | 4 | 1,053 | 4 | 37,91 |
| 5 | 18,994 | 5 | 0,528 | 5 | 1,316 | 5 | 47,38 |
| 6 | 22,793 | 6 | 0,633 | 6 | 1,580 | 6 | 56,86 |
| 7 | 26,591 | 7 | 0,739 | 7 | 1,843 | 7 | 66,34 |
| 8 | 30,390 | 8 | 0,844 | 8 | 2,106 | 8 | 75,81 |
| 9 | 34,189 | 9 | 0,950 | 9 | 2,369 | 9 | 85,29 |
| 10 | 37,987 | 10 | 1,055 | 10 | 2,632 | 10 | 94,77 |
| 50 | 189,937 | 50 | 5,276 | 50 | 13,162 | 50 | 473,84 |
| 100 | 379,874 | 100 | 10,552 | 100 | 26,325 | 100 | 947,68 |
| 1000 | 3798,742 | 1000 | 105,521 | 1000 | 263,245 | 1000 | 9476,80 |

# RÉDUCTION

| des ARPENTS de 18 p. la perche en HECTAR. | | des HECTAR. en ARPENTS de 18 pi. la perche. | | des ARPENTS le 20 p. la perche en HECTAR | | des HECT. en ARPENTS de 20 p. la perche. | |
|---|---|---|---|---|---|---|---|
| Arp. | Hectares. h. a. c. | Hectar. | Arpents. | Arp. | Hectares. h. a. c. | Hectar. | Arpents. |
| 1 | 0,34,19 | 1 | 2,9249 | 1 | 0,42,21 | 1 | 2,369 |
| 2 | 0,68,38 | 2 | 5,8499 | 2 | 0,84,42 | 2 | 4,738 |
| 3 | 1,02,57 | 3 | 8,7748 | 3 | 1,26,62 | 3 | 7,108 |
| 4 | 1,36,75 | 4 | 11,6998 | 4 | 1,68,83 | 4 | 9,477 |
| 5 | 1,70,94 | 5 | 14,6247 | 5 | 2,11,04 | 5 | 11,846 |
| 6 | 2,05,13 | 6 | 17,5497 | 6 | 2,53,25 | 6 | 14,215 |
| 7 | 2,39,32 | 7 | 20,4746 | 7 | 2,95,46 | 7 | 16,584 |
| 8 | 2,73,51 | 8 | 23,3996 | 8 | 3,37,67 | 8 | 18,954 |
| 9 | 3,07,70 | 9 | 26,3245 | 9 | 3,79,87 | 9 | 21,323 |
| 10 | 3,41,89 | 10 | 29,2494 | 10 | 4,22,08 | 10 | 23,692 |
| 50 | 17,09,45 | 50 | 146,2470 | 50 | 21,10,41 | 50 | 118,460 |
| 100 | 34,18,87 | 100 | 292,4944 | 100 | 42,20,83 | 100 | 236,920 |
| 1000 | 341,88,69 | 1000 | 2924,9437 | 1000 | 422,08,30 | 1000 | 2369,200 |

# RÉDUCTION

| des<br>ARPENTS de 22 p. la perche en HECT. | | des<br>HECTAR. en ARPENTS de 22 pi. la perche. | | des<br>TOISES CUBES EN MÈTRES CUBES. | | des<br>PIEDS CUBES EN MÈTRES CUBES. | |
|---|---|---|---|---|---|---|---|
| Arpents | Hectares.<br>h. a. c. | Hectar. | Arpents. | Tois. cb | Mètres cubes. | Pieds cb | Mèt. cub. |
| 1 | 0,51,07 | 1 | 1,9580 | 1 | 7,404 | 1 | 0,034 |
| 2 | 1,02,14 | 2 | 3,9160 | 2 | 14,808 | 2 | 0,069 |
| 3 | 1,53,22 | 3 | 5,8741 | 3 | 22,212 | 3 | 0,103 |
| 4 | 2,04,29 | 4 | 7,8321 | 4 | 29,616 | 4 | 0,137 |
| 5 | 2,55,36 | 5 | 9,7901 | 5 | 37,020 | 5 | 0,171 |
| 6 | 3,06,43 | 6 | 11,7481 | 6 | 44,423 | 6 | 0,206 |
| 7 | 3,57,50 | 7 | 13,7061 | 7 | 51,827 | 7 | 0,240 |
| 8 | 4,08,58 | 8 | 15,6642 | 8 | 59,231 | 8 | 0,274 |
| 9 | 4,59,65 | 9 | 17,6222 | 9 | 66,635 | 9 | 0,309 |
| 10 | 5,10,72 | 10 | 19,5802 | 10 | 74,039 | 10 | 0,343 |
| 50 | 25,53,60 | 50 | 97,9010 | 50 | 370,195 | 50 | 1,714 |
| 100 | 51,07,20 | 100 | 195,8020 | 100 | 740,389 | 100 | 3,428 |
| 1000 | 510,71,98 | 1000 | 1958,0201 | 1000 | 7403,890 | 1000 | 34,280 |

# RÉDUCTION

| DES MÈTRES CUBES EN TOISES CUBES. | | DES MÈTRES CUBES EN PIEDS CUBS. | | DES CORDES DES EAUX ET FORÊTS EN STÈRES. | | DES STÈRES EN CORDES DES EAUX ET FOR. | |
|---|---|---|---|---|---|---|---|
| Mèt. cb. | Toises cub | Mèt. cb. | Pieds cubes. | Cordes. | Stères. | Stères. | Cordes. |
| 1 | 0,135 | 1 | 29,17 | 1 | 3,840 | 1 | 0,260 |
| 2 | 0,270 | 2 | 58,35 | 2 | 7,678 | 2 | 0,521 |
| 3 | 0,405 | 3 | 87,52 | 3 | 11,518 | 3 | 0,782 |
| 4 | 0,540 | 4 | 116,70 | 4 | 15,356 | 4 | 1,042 |
| 5 | 0,675 | 5 | 145,87 | 5 | 19,195 | 5 | 1,302 |
| 6 | 0,810 | 6 | 175,04 | 6 | 23,034 | 6 | 1,563 |
| 7 | 0,945 | 7 | 204,22 | 7 | 26,874 | 7 | 1,824 |
| 8 | 1,081 | 8 | 233,39 | 8 | 30,711 | 8 | 2,084 |
| 9 | 1,216 | 9 | 262,56 | 9 | 34,552 | 9 | 2,344 |
| 10 | 1,351 | 10 | 291,74 | 10 | 38,390 | 10 | 2,605 |
| 50 | 6.753 | 50 | 1458,69 | 50 | 191,952 | 50 | 13,024 |
| 100 | 13,506 | 100 | 2917,39 | 100 | 383,954 | 100 | 26,048 |
| 1000 | 135,060 | 1000 | 29173,90 | 1000 | 3839,540 | 1000 | 260,480 |

# RÉDUCTION

| des CORDES DE PORT EN STÈRES. | | des STÈRES EN CORDES DE PORT. | | des KILOGRAMMES EN LIVRES. | | des LIVRES EN KILOGRAMMES. | |
|---|---|---|---|---|---|---|---|
| Cordes. | Stères. | Stères. | Cordes. | Kilogr. | Livres. | Livres. | Kilogram. |
| 1 | 4,799 | 1 | 0,208 | 1 | 2,0429 | 1 | 0,4805 |
| 2 | 9,598 | 2 | 0,417 | 2 | 4,0858 | 2 | 0,9790 |
| 3 | 14,396 | 3 | 0,625 | 3 | 6,1286 | 3 | 1,4685 |
| 4 | 19,195 | 4 | 0,834 | 4 | 8,1715 | 4 | 1,9580 |
| 5 | 23,994 | 5 | 1,042 | 5 | 10,2144 | 5 | 2,4475 |
| 6 | 28,793 | 6 | 1,250 | 6 | 12,2573 | 6 | 2,9370 |
| 7 | 33,592 | 7 | 1,459 | 7 | 14,3001 | 7 | 3,4265 |
| 8 | 38,391 | 8 | 1,667 | 8 | 16,3430 | 8 | 3,9160 |
| 9 | 43,189 | 9 | 1,875 | 9 | 18,3859 | 9 | 4,4056 |
| 10 | 47,988 | 10 | 2,084 | 10 | 20,4288 | 10 | 4,8951 |
| 50 | 239,941 | 50 | 10,419 | 50 | 102,1438 | 50 | 24,4753 |
| 100 | 479,882 | 100 | 20,838 | 100 | 204,2877 | 100 | 48,9506 |
| 1000 | 4798,820 | 1000 | 208,380 | 1000 | 2040,8765 | 1000 | 489,5058 |

# RÉDUCTION

| DES KILOGRAMMES EN LIVRES, ONCES, GROS, GRAINS. | | | | | DES GRAMMES EN LIVRES, ONCES, GROS, GRAINS. | | | | | DES GRAMMES EN GRAINS. | | DES DÉCIGRAMM. EN GRAINS. | |
|---|---|---|---|---|---|---|---|---|---|---|---|---|---|---|
| Kil. | Liv. | onc | g^s. | gr. | Gr. | Liv. | on. | g^s. | gr. | Gr. | Grains. | Décig | Grains. |
| 1 | 2— | 0— | 5— | 35 | 1 | 0— | 0— | 0— | 19 | 1 | 18,8 | 1 | 1,9 |
| 2 | 4— | 1— | 2— | 70 | 2 | 0— | 0— | 0— | 38 | 2 | 37,7 | 2 | 3,8 |
| 3 | 6— | 2— | 0— | 33 | 3 | 0— | 0— | 0— | 56 | 3 | 56,5 | 3 | 5,6 |
| 4 | 8— | 2— | 5— | 69 | 4 | 0— | 0— | 1— | 3 | 4 | 75,3 | 4 | 7,5 |
| 5 | 10— | 3— | 3— | 32 | 5 | 0— | 0— | 1— | 22 | 5 | 94,1 | 5 | 9,4 |
| 6 | 12— | 4— | 0— | 67 | 6 | 0— | 0— | 1— | 41 | 6 | 113,0 | 6 | 11,3 |
| 7 | 14— | 4— | 6— | 30 | 7 | 0— | 0— | 1— | 60 | 7 | 131,8 | 7 | 13,2 |
| 8 | 16— | 5— | 3— | 65 | 8 | 0— | 0— | 2— | 7 | 8 | 150,6 | 8 | 15,1 |
| 9 | 18— | 6— | 1— | 28 | 9 | 0— | 0— | 2— | 25 | 9 | 169,4 | 9 | 16,9 |
| 10 | 20— | 6— | 6— | 64 | 10 | 0— | 0— | 2— | 44 | 10 | 188,3 | 10 | 18,8 |
| 50 | 102— | 2— | 2— | 30 | 50 | 0— | 1— | 5— | 5 | 50 | 941,3 | 50 | 94,1 |
| 100 | 204— | 4— | 4— | 59 | 100 | 0— | 3— | 2— | 11 | 100 | 1882,7 | 100 | 188,3 |
| 1000 | 2042— | 14— | 0— | 14 | 1000 | 2— | 0— | 5— | 35 | 1000 | 18827,15 | 1000 | 1882,7 |

# RÉDUCTION

| ONCES EN GRAMMES. | | DES GROS EN GRAMMES. | | DES HECTOLITRES EN SETIERS de 12 boiss. de 13 lit. | | DES SETIERS de 13 litres EN HECTOLITRES. | |
|---|---|---|---|---|---|---|---|
| Onces. | Grammes. | Gros. | Grammes. | Hectol. | Setiers. | Setiers. | Hectolitres. |
| 1 | 30,59 | 1 | 3,82 | 1 | 0,641 | 1 | 1,561 |
| 2 | 61,19 | 2 | 7,65 | 2 | 1,282 | 2 | 3,122 |
| 3 | 91,78 | 3 | 11,47 | 3 | 1,923 | 3 | 4,683 |
| 4 | 122,38 | 4 | 15,30 | 4 | 2,564 | 4 | 6,244 |
| 5 | 152,97 | | | 5 | 3,205 | 5 | 7,805 |
| 6 | 183,56 | | | 6 | 3,846 | 6 | 9,366 |
| 7 | 214,16 | Grains en Gram. | | 7 | 4,487 | 7 | 10,927 |
| 8 | 244,75 | | | 8 | 5,128 | 8 | 12,488 |
| 9 | 275,35 | 1 | 0,053 | 9 | 5,769 | 9 | 14,049 |
| 10 | 305,94 | 2 | 0,106 | 10 | 6,410 | 10 | 15,610 |
| 50 | 1529,70 | 3 | 0,159 | 50 | 32,051 | 50 | 78,050 |
| 100 | 3059,40 | 4 | 0,212 | 100 | 64,102 | 100 | 156,100 |
| 1000 | 30594,00 | 10 | 0,530 | 1000 | 641,020 | 1000 | 1561,000 |

# RÉDUCTION

| DES FRANCS EN LIVRES, SOUS ET DENIERS. | | | | DES CENTIMES EN SOUS ET DENIERS. | | | DES LIVRES EN FRANCS ET CENT. | | | DES SOUS EN CENTIM. | |
|---|---|---|---|---|---|---|---|---|---|---|---|
| Fr. | Liv. | S. | D. | Cent | Sous. | D. | Liv. | Fr. | C. | Sous | Cent. |
| 1 | 1 — | » — | 3 | 1 | 0 | — 2 | 1 | 0 — | 99 | 1 | 0,05 |
| 2 | 2 — | » — | 6 | 2 | 0 | — 5 | 2 | 1 — | 98 | 2 | 0,10 |
| 3 | 3 — | » — | 9 | 3 | 0 | — 7 | 3 | 2 — | 96 | 3 | 0,15 |
| 4 | 4 — | 1 — | » | 4 | 0 | — 10 | 4 | 3 — | 95 | 5 | 0,25 |
| 5 | 5 — | 1 — | 3 | 5 | 1 | — » | 5 | 4 — | 94 | 10 | 0,50 |
| 6 | 6 — | 1 — | 6 | 6 | 1 | — 2 | 6 | 5 — | 93 | | |
| 7 | 7 — | 1 — | 9 | 7 | 1 | — 5 | 7 | 6 — | 91 | Den. en Cent. | |
| 8 | 8 — | 2 — | » | 8 | 1 | — 7 | 8 | 7 — | 90 | | |
| 9 | 9 — | 2 — | 3 | 9 | 1 | — 10 | 9 | 8 — | 89 | 1 | 0,00 |
| 10 | 10 — | 2 — | 6 | 10 | 2 | — » | 10 | 9 — | 88 | 2 | 0,01 |
| 50 | 50 — | 12 — | 6 | 50 | 10 | — » | 50 | 49 — | 38 | 3 | 0,01 |
| 100 | 101 — | 5 — | » | 100 | 1 fr. | — » | 100 | 98 — | 77 | 6 | 0,025 |
| 1000 | 1012 — | 10 — | » | 1000 | 10 fr. | — » | 1000 | 987 — | 65 | 11 | 0,05 |

FIN.

# TITRE VI.

## DISPOSITIONS GÉNÉRALES.

35. Les fonds provenant de l'émission d'actions, seront perçus par les personnes chez qui le gérant jugera à propos d'ouvrir des souscriptions d'actions, pour être ensuite placées à intérêt, s'il n'en a l'emploi.

Les actions sont délivrées à Paris, chez Mᵉ Maréchal, Notaire de la So-ciété, rue des Fossés-Montmartre, n° 11;

Et au siége de la Société, rue de la Chaussée-d'Antin, n° 11, maison du Casino.

Le Gérant, LEBARS.

# OUVRAGES

DE

## MM. ERNAUX,

### DEVANT PARAITRE INCESSAMMENT.

MANUEL COMPLET D'ARPENTAGE, DE TOISÉ ET DE JAUGEAGE
  1 vol. *in-8°.*
COURS COMPLET D'ARITHMÉTIQUE, destiné aux Écoles Normales primaires. 1 vol. *in-8°.*

## COURS COMPLET D'ÉTUDES,

A l'usage des Écoles primaires, et comprenant 12 volumes format *in-18*, que l'on pourra acheter séparément.

1°. *Principes d'Enseignement* . . . . . . . . . . . . . . . . . 1 vol.
2°. *Livre de Lecture* . . . . . . . . . . . . . . . . . . . . . 1 vol.
3°. *Précis des Inventions et Découvertes dans les Arts et les Sciences. — Dessin linéaire. — Musique.* . . . . . . 1 vol.
4°. *Arithmétique* . . . . . . . . . . . . . . . . . . . . . . . 1 vol.
5°. *Manuel du Système métrique* . . . . . . . . . . . . . . 1 vol.
6°. *Histoire Sainte.* . . . . . . . . . . . . . . . . . . . . . 1 vol.
7°. *Histoire de France* . . . . . . . . . . . . . . . . . . . . 1 vol.
8°. *Histoire Générale. — Chronologie.* . . . . . . . . . . . 1 vol.
9°. *Géographie.* . . . . . . . . . . . . . . . . . . . . . . . . 1 vol.
10°. *Toisé.*
  *Arpentage.* } . . . . . . . . . . . . . . . . . . . . . . 1 vol.
11°. *Physique.*
  *Chimie.* } . . . . . . . . . . . . . . . . . . . . . . . . 1 vol.
12°. *Histoire Naturelle.*
  *Botanique.* } . . . . . . . . . . . . . . . . . . . . . 1 vol.
  *Agriculture.*

VERSAILLES, DE L'IMPRIMERIE DE KLEFER, AVENUE DE PICARDIE, 11.